嘀嗒 TICK TOCK

溜走了 SLIPPED AWAY

李隆漳 策劃　　陸明敏 作者

U0061487

STORY OF CLOCK and WATCH

鐘錶的故事

錶

推薦序

生活中需要一些情懷，當受到某些因素影響，便會產生自己的興趣，同時因時間的推移，興趣更可能變成你的一種技能，甚至令你成為權威，本書策劃李隆漳就是一個好例子。

今次能夠為李隆漳的《嘀嗒嘀嗒溜走了⋯⋯鐘錶的故事》一書寫序，深感榮幸！

本人 1980 年代以廣告業出身，1990 年抱着滿腔熱誠創業，因緣際會接觸到鐘錶珠寶行業，為鐘錶珠寶設計陳列品和產品包裝，適逢國家政策開放，1990 年初於廣東省東莞市設廠至今。在過去 30 年間，我與無數鐘錶品牌合作，所以對鐘錶有了更深的認識，也對鐘錶產生了熱愛，繼而將資源整合，並將業務拓展至互聯網，於 2013 年創立网摩間（www.onemalltime.com）一站式鐘錶平台。

1990 年代初，香港鐘錶貿易加工規模正日益壯大，廠商初時以 OEM & ODM 出口為主，其次是品牌代理銷售；其後，企業亦不斷發展自家品牌。香港是國際之都、購物天堂，中國內地又有龐大消費市場，是世界奢侈品行業必爭之地，現今鐘錶業已扎根大灣區，產生了一個強大的產業結構體系，香港鐘錶業執全球相關出口貿易之牛耳。

本書內容非常豐富，有人生哲學思想，有對生活的情懷。由李隆漳和鐘錶的結緣寫至對收藏的喜好，是他 30 年來收藏的印記，和點滴累積的經驗之精華。他收藏古董錶不單是因為它們的價值，還因為它們背後的故事，此尤是珍貴。本書充滿正能量，包含着情感的抒發、價值觀的傳遞，讓讀者從生活中找到樂趣！

在此引用香港鐘表業總會永遠名譽會長孫秉樞博士的名言作結：「時光流轉，了無痕跡，惟有時可尋，時光載於秒、載於分、載於時、載於日、載於月、載於年⋯⋯」流年似水，孫秉樞博士叱咤錶壇 60 載，對鐘錶有濃濃的情懷！

最後，人生不過 3 萬天，時間由你，時間能夠證明一切！你可開拓出自己的一片天地！

鐘錶業創新發展委員會主席

2019 年香港鐘錶展覽會聯席籌委會主席

大灣區港澳人才協會副會長

顏志華

推薦序

②

《名錶論壇》是家父鍾泳麟先生於 1999 年創立的一本中英對照手錶雙月刊,為香港第一本鐘錶雜誌。雜誌定期為讀者帶來有關手錶的一切資訊,由介紹高級名錶的最新款式,深入剖析,直擊報道世界各地舉行的錶展活動盛況,到市場消息及拍賣行情等,不一而足。在 2012 年家父仙遊之後,雜誌便由長兄和我一同接手傳承,幸虧先父水井挖得夠深,公司未有因這兩年的疫情而滿盤落索。

這幾年來我負責有關《名錶論壇》的數碼內容,猶幸工作關係,接觸到的一定是第一手的名錶消息,每年都能出席國際矚目的兩大瑞士錶展,更能「一親新錶芳澤」,君可知道此兩大展覽一票難求?千金亦不能買。與此同時,不禁慨嘆今時今日香港的鐘錶業與往昔的大不同,亦青黃不接。因為疫情與購物稅的關係,很多鐘錶銷售活動已經轉移到三亞,好些展覽亦遷往上海舉行,香港過往引以自豪的購物天堂地位岌岌可危。

今時今日,大家收藏手錶主要還是因為它的炒賣潛力和保值能力,而非因為其設計工藝。這讓我覺得非常可惜。每次有朋友問我:這一隻保值嗎?那一隻能炒賣嗎?我都直斥其非,只會坦率直言,講一句:「高級腕錶是一種奢

華。如果買的時候就已經打算在將來變賣，不就是認定自己將來必定落難？」再者，手錶的價值並不在於價格。先父收藏最多的，也是他最喜愛的品牌——百達翡麗（Patek Philippe），有着一句非常著名的廣告詞——你永遠不會真正擁有一隻百達翡麗，你只是為下一代保管着。當中的意義尤其深厚，背後的信念（並不止於理念）牽涉到世世代代的傳頌，代表着人類的智慧，以及那份不屈不撓的研究精神。

先父擁有豐富的鐘錶知識和藏錶，所以我亦贏在起跑線，自少耳聞不少品牌歷史，及其技術與工藝等。猶記得，先父曾經講過，能力愈大責任愈大，大概先父創刊的目的，是希望這些手錶背後的理念、故事和工藝美學，能被好好記錄，能在同道中人中流傳，以傳承至後世。李隆漳前輩此書正好彌補了坊間圖書所欠缺的資訊，包括鐘錶的基本知識、收藏鑒賞的基礎概念，以及一些鮮為人知的鐘錶收藏行內資訊，內容豐富，且深入淺出，讓人們記起製錶工藝的初衷，抹去一切元素，回歸製錶精髓，並鼓勵後輩入行，以傳承知識和精神。我很榮幸能為李隆漳老師的大作寫序，亦很敬重老師將版稅捐至兒童癌病基金的善心，這大概就是能力愈大責任愈大了，哈哈。願鐘錶業在香港能再一次發光發亮，香港年輕人加油！

謹於文末節錄我其中一期的文稿：「將每一天活得像最後一天！No Day But Today！你記得從哪時開始，手錶上的

一分一秒、每一個『滴答』都讓你難過嗎？對上一次讓你覺得快樂不知時日過的又是甚麼時候？生活真的不該以分鐘去計算，每一天都應該用愛去量度。」

只有愛才能一直被傳承下去。

《名錶論壇》（Watch Critics）董事兼數碼內容經理
已故知名鐘錶收藏家、權威鐘錶鑒賞評論作家、《名錶論壇》
創刊人鍾泳麟先生之女

鍾紫莎

看着鐘錶，看着秒針，理性上讓我們知道時間一秒一秒地過去。一分鐘後秒針又返回原位，下個循環又再開始。那秒針循環不息，除了向我們提示時間，還向我們啟示了甚麼呢？我想秒針的移動，更表達了生命的流逝。原來鐘錶不單是指示時間的工具，更提醒了我們要每分每秒好好地掌握生命。

珍貴的鐘錶當然還有很高的收藏價值，收藏鐘錶是令財富增值的好方法。製作精良的鐘錶可以說是延續傳統工藝的精髓，從外形設計、磨光、零件製作到機械的結合，都充分體現人類世代追求美好生活與時間的結合。鐘錶是集流行、裝飾、功能以至科技於一身的藝術結晶，極致鐘錶的價值更是跨越國界和歷史的。

事實上，每隻鐘錶背後都有動人的故事。從設計師的創作歷程到工匠用心製作的艱辛，可見每隻鐘錶都是以汗水換來的。

時間是生命中最重要的抽象元素之一，測量和感受時間一直深植於人類藝術和科學的發展裏，體現在我們的血脈中。這就是為甚麼人們很容易對鐘錶有一種獨特的情

感，一種隨時間流逝而增強的情感。

所以若把鐘錶傳承結合到家族傳承，對於收藏鐘錶的意義便更大，因為鐘錶和人的生命是可以扣上關係的。好像 Derek 第一次拿到薪酬時買下的第一隻手錶，這隻手錶自此便和他結下了不解之緣。

以我為例，我亦收藏了一隻陀飛輪手錶，更在機芯裏刻上自己的家訓「敬天愛人」，打算將來把這個理念聯同手錶傳給下一代。看來「家族鐘錶傳承」這個概念是十分有意義的，一方面能令財富增值，而更加重要的是能夠傳承家族的價值觀和智慧。

早在明清時期，中國已經是全球重要的鐘錶消費國，從皇室成員到民間百姓都愛收藏鐘錶，從如今保存在北京故宮的 1,600 多隻鐘錶即可以看到。很高興得悉好朋友 Derek 將 30 年來研究鐘錶的心得結集成書，祝願這本書只是個開始。相信 Derek 對鐘錶的理念，能夠藉着這本書發揚光大，成為讀者的福氣。

傳承學院院長

李志誠博士

推薦序

對鐘錶情有獨鍾的李隆漳（Derek），是一位令人敬佩的人，因為他可以將對鐘錶的鑽研堅持 30 年，從沒間斷，隨着時光流逝，也在當中體驗着人生的酸甜苦辣。每次和他見面交談，我總會有所得着，他對諸如鐘錶的歷史等知識，掌握得既專業又全面，可謂無人能及，加上他對人生積極的態度，令他的每一隻手錶，背後都有說不盡的故事⋯⋯

誠意推介本書給大家，書中介紹的不單只是鐘錶的類型、配件、功能、結構和運作，附錄的「收藏秘訣」及「鐘錶尋寶」更加要細心花時間閱讀，可大大提升讀者對鐘錶收藏價值的認識！我對當中的「空氣鐘」更是印象深刻，全書令人對「手上的錶，牆上的鐘」眼界大開。

這是一本集 30 年經驗精華的著作，感謝李兄無私的分享！

資深傳媒工作者

亞洲十大企業培訓師

「承商」商圈啟動人

黃桂林

前言 鐘錶的緣份

李隆漳口述、陸明敏撰文

收藏鐘錶，屈指一算已超過 30 年。在這 30 年的旅途上，鐘錶陪伴了我成長，讓我與無數人建立起友誼。鐘錶保存了我酸、甜、苦、辣百般滋味的記憶，有時我會想，到底是我選了錶，還是錶選了我？

回想當天，我從公務員轉行至保險業，首次出糧時買了一隻機械錶犒賞自己。當時人人追捧「金勞」，我卻對名士（Baume & Mercier）Riviera 系列的十二邊形小口徑、薄機芯自動機械錶情有獨鍾，記得這錶要價約 9,000 港元，相當於我一個月人工。這錶既獨特又富美感，因而燃起了我對鐘錶世界的嚮往，念舊的我尤其鍾愛古董錶，由此展開了 30 年的收藏旅程。

猶記得，這趟旅程的首個 10 年最為瘋狂，我跑遍全港九新界的鐘錶老舖搜羅寶藏，更曾試過一天買 10 隻錶，現在想起來也覺得誇張。除了被古董錶優雅的設計所吸引，當我側耳傾聽店舖老闆細述每隻錶背後的歷史故事，亦滿足了求知慾，自己甚至還買了一套開錶工具，意圖揭開錶的神秘面紗。而第二個 10 年，冷靜下來之後，開始更有目標地收藏，更加着重個別品牌和具特殊功能的手錶。至第三個階段，懂得分辨好壞之後，開始涉及鐘錶投資領域，追求具升值潛力的產品。

鐘錶在我的人生旅途上，陪伴我走過了不少高山低谷。2003年沙士嚴重衝擊經濟，我所任職的保險行業也不能幸免，我亦面對了人生低潮——接連降職，月薪大減至只有數千港元，當時我既要供樓，也要養妻活兒，實在惆悵。幸而多年收藏鐘錶讓我認識不少友好店舖和修錶師傅，他們願意賒借價值數十萬港元的手錶讓我拿去賣，成功售出才計算佣金分成，賣不到也不額外收費。如此斷續地維持了一年，後來事業重上軌道，終於渡過困境。對此我相當感恩，也慶幸自己當初一頭栽進了鐘錶世界。

鐘錶的時間，其實就如人生的時間，歷經多年風霜，過程中總有走得不順暢的時刻，但只要找出問題癥結，重新打磨抹油，施行「大手術」，付出耐性靜候時機到來，再難過的難關都總會過。記得曾經有一隻擁過百年歷史的勞力士陀錶，我買回來時已經徹底壞掉，內部零件也腐蝕不堪，後來經過各方好友幫助，央求老師傅出山重新抹油打磨、製作零件，動了大手術，終於起死回生。類似的例子不勝枚舉，不知不覺間，為了心頭好，自己竟也變得鍥而不捨起來了。

2009年開始，很榮幸陸續有機構和團體邀請我分享多年來在鐘錶方面的經驗和知識，至今已舉辦過百場分享會。我總愛叫前來的觀眾分享他們第一隻手錶，這背後往往有着大大小小的故事，故事中又會衍生出另外的一些故事，相當引人入勝。有情人送的第一隻錶，也有從父母傳承下來

的老錶，他們所流露出對錶的真摯情感，也是我喜歡到處講錶的原因。

於 2018 年，我有幸獲得中國檢驗認證集團奢侈品鑒定中心邀請，擔任鐘錶鑑證培訓課程導師，教導內地學生辨別名錶真偽。原來只要認真學習，不要故步自封，長久堅持不懈地深入研究，興趣也可以成為別人認可的專業。於我而言，由此所帶來的滿足感和成就感，絕非金錢可以衡量；我深諳這是一份傳承的工作。

錶是死物，卻也有其生命，透過鐘錶能聯繫人與人之間的關係，收藏經歷裏頭結下了不少緣份。多年來沒見的朋友，會突然找我幫忙聯絡修錶師傅，將具紀念價值的錶，又或是值上百萬港元的貴價錶，託付給我使其重生。這或許要等上一年半載，但他們也毫無怨言，講的不過就是互相信任。在疫情下人與人之間減少交流，但因為錶，又聯繫上各方好友，藉此噓寒問暖。

記得有一位醫生朋友，託我幫忙修理一隻他父親的壞錶。這隻錶很有紀念價值，他父親是越南華僑，當年來港任職小巴司機，第一次出糧便奢侈地買了一隻價值 500 港元的雷達鋼錶。多年來父親辛勤工作養活了一家人，手錶卻在不知不覺間不走了。兒子為答謝父親，希望趕及在父親節把錶修好作為禮物。但這錶實在太舊了，要維修也很困難，我第一時間走到大角咀老鐘錶店找老師傅，

豈料老師傅的兒子說父親已離世。驚聞好友離世，那一刻我十分難過，可是轉念一想，他的兒子好好地傳承了其事業和精神，也是一件值得安慰的事。他幫我從父親的零件寶庫尋得適用的古董零件，然後我又找了另一個師傅，幫忙將壞錶起死回生，幾經波折終於趕及讓醫生朋友在父親節當天送給父親。一隻錶，聯繫了我與朋友的關係，也在無形中聯繫了兩對父子。正是人與人、人與手錶之間的互動，讓我持續收藏鐘錶的熱誠從未曾減退過。

又有另一次，我將一隻錶送給一位胰臟癌康復者朋友。作為回禮，對方向我分享了「一元的故事」，讓我思考一元的價值。她曾經在公開分享會中向觀眾提問：「一元有何價值？」大家納悶，一元甚麼也買不到啊？！她緊接又問大家：「現在我將出售這一元，所得金額將會用於捐助兒童癌病基金。你又會願意花多少錢去購入這一元？」最後有位觀眾願意付出 2,000 元購入這一元。我這才恍然大悟：原來一元在不同的人手中可以有不同的價值。

機械錶只要定期保養維修，理論上可以無止境地運行。人的生命則不然，總會走到盡頭，但可喜的是，人生在世可以將精神價值承傳下去。現在我謹此將此書所得之版稅全捐獻給兒童癌病基金，透過鐘錶繼續將愛心延續下去。現在，你又認為這本書有何價值呢？

鐘錶的基本類型

BASIC TYPES

手錶的分類

大致上可分為電子石英錶和機械錶。電子石英錶以電池作為動力來源，驅動石英晶體振盪器穩定地產生每秒 32,768 次振盪，集成電路接收到振盪訊號後，就會將訊號轉化成步進摩打每秒轉動一步的訊號，從而驅動步進摩打，然後步進摩打就會驅動齒輪和時針運行，以指示時間。電子石英錶可準確至一個月約有 20 秒誤差，理論上振盪頻率愈高，走時愈準確。

而機械錶則分為手動上鏈錶和自動上鏈錶。手動上鏈錶，顧名思義就是靠手動轉動錶冠，來為機芯的發條盒上鏈，為手錶提供運行動力；其動力儲備，一般為 30 小時至 3 天，3 天或以上的已可稱為長動力錶。而自動上鏈錶，則靠手腕的活動而轉動機芯內的擺陀，來為機芯的發條盒上鏈，為手錶提供運行動力。機械錶可準確至一天約有數十秒誤差，當然機芯做工愈精細，誤差會愈小。

時鐘的分類

時鐘亦可分為電子石英鐘和機械鐘。電子石英鐘的原理與手錶相若，而機械鐘主要為手動上鏈鐘，需要利用專用的鑰匙為機芯發條盒上鏈，為時鐘提供運行動力。小部分自動上鏈鐘則有不同的機芯設計，例如積家 (Jaeger-LeCoultre) 的空氣鐘就靠空氣中的溫度變化來產生動力，銅滾鐘就依靠自身重量作為動力來源。

鐘錶基本配件和常見功能

BASIC ACCESSORIES and COMMON FEATURES

俗語有云，先求知再投資，收藏前不妨先仔細了解鐘錶各部分及運作模式，日後遇到相關名詞也不會被嚇怕了。

錶 WATCH

錶帶 — Strap

指針 Hands

時標 — Index
錶面 — Dial
錶冠 — Crown
錶鏡 — Glass

錶圈 — Bezel
錶耳 — Lugs

MEISTERSINGER

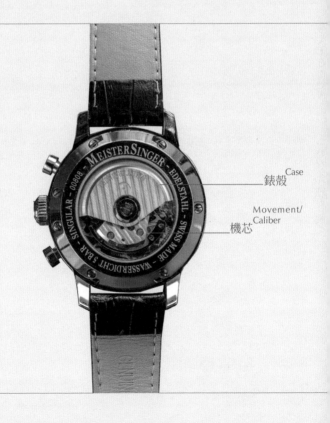

錶殼 —— Case

機芯 —— Movement/Caliber

基本配件

錶面 ^{Dial} 又或稱錶盤，顯示時間和視窗；其直徑以口徑稱呼。

錶鏡 ^{Glass} 包裹並保護錶面。

指針 ^{Hands} 指向時間或其他資訊。

時標 ^{Index} 指針指向的時間標誌。

視窗 ^{Aperture} 在錶面顯示日期、星期或月相的視窗。

錶圈 ^{Bezel} 圍繞錶面的外圈。

錶冠 ^{Crown} 又稱龍頭或把的，用作調校時間或上鏈，通常在 3 時位置。也有錶冠會附加其他特殊功能，如計時、逆跳（Retrograde）、飛返（Flyback）等。

機芯 $^{Movement/\ Caliber}$ 手錶運行的最主要器官，可分為機械和電子石英。

錶殼 ^{Case} 用作包裹機芯，很多品牌都會刻意將其製作成部分透明，以顯示自家工藝實力。

錶耳 ^{Lugs} 從錶殼延伸的部分，用來固定錶帶或錶鏈。

錶帶 ^{Strap} / **錶鏈** ^{Bracelet} 錶帶通常是皮革製，錶鏈通常是不鏽鋼製。

錶帶扣 ^{Buckle} 錶帶上穿過扣眼的小金屬圈。

錶扣 ^{Clasp} 緊接兩端錶鏈的金屬扣環。

常見功能

年曆 Annual Calendar 可顯示日期、星期和月份；進階版本為萬年曆 (Perpetual Calendar)，可顯示閏年的 2 月 29 日。

月相 Moon Phase 顯示月亮圍繞地球公轉時的陰晴圓缺。

動力儲存顯示 Power Reserve Indicator 見於手動上鏈錶，可顯示錶內 動力儲備。

響鬧 Alarm 在指定時間會響鬧作提示。

計時 Chronograph 常見於運動錶，可用作計時。

陀飛輪 Tourbillon 機械錶機芯內特別的擒縱系統，可消除因地心吸力 而造成的誤差，提升走時準確度。

兩地時間 GMT 顯示於錶圈的第二或 / 及第三個地區的時間。

世界時間 World Time 錶面時標為 24 小時制，錶圈刻畫了 24 個或 37 個時區。

天文台錶 / 精密計時錶 Chronometer 配置獲瑞士官方天文台檢測機 構 (COSC) 認證的高精準機芯。COSC 在不同氣溫和位置下為機 芯進行極其嚴格的測試。石英機芯在攝氏 23 度下運行誤差為每 日 -/+0.07 秒，自動上鏈機芯在不同溫度和位置測試下，運行誤 差為每日 -4/+6 秒。

問錶 Repeater 內設打簧機制，透過聲音報時，最高級為三問錶，有不 同聲音來報時、刻 (15 分鐘為一刻)、分。

鐘錶基本配件和常見功能

BASIC ACCESSORIES and COMMON FEATURES

鐘 CLOCK

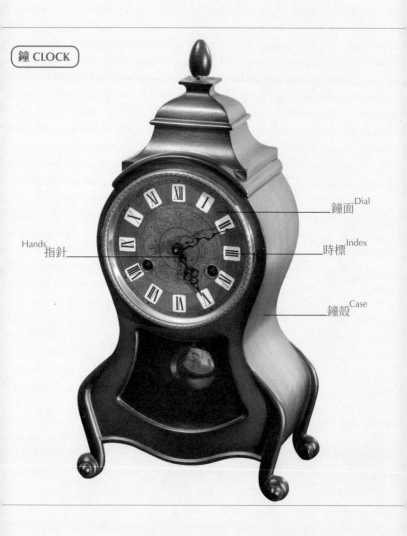

Hands 指針

鐘面 Dial

時標 Index

鐘殼 Case

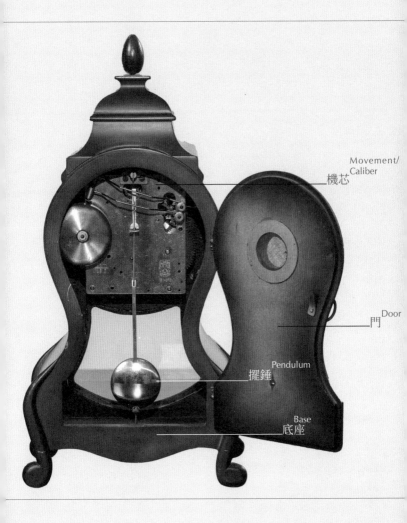

Movement/
Caliber
機芯

Door
門

Pendulum
擺錘

Base
底座

基本配件

鐘面（Dial）、鐘鏡（Glass）、指針（Hands）、時標（Index）、視窗（Aperture）、機芯（Movement / Caliber）、鐘殼（Case）、鐘圈（Bezel）和手錶相若。

門 Door 分為前門和後門，可以打開用作上鏈、調校時間或欣賞機芯運行。

底座 Base 鐘的底部。

上鏈匙孔 Winding Hole 分別有報時響鈴、走時上鏈，為不同發條裝置提供動力。

擺錘 Pendulum 為機芯提供動力。

音錘 Hammer 敲打音簧（Gong）或音鈴（Bell）發出聲音作報時。

(常見功能)

月相 Moon phase 顯示月亮圍繞地球公轉時的陰晴圓缺。

年曆 Annual Calendar 較常見於電子鐘。

天文台鐘 / 精密計時鐘 Chronometer 配置獲瑞士官方天文台檢測機構（COSC）認證的高精準機芯，常見應用於航海鐘。

報時 Alarm 透過聲音報時，例如五音鐘，可在 00、15、30、45 分鐘分別敲出音樂。

世界時間 World time 時標為 24 小時制，鐘圈刻畫了 24 個或 37 個時區。

手錶機芯結構和運作原理

WATCH MOVEMENT and OPERATION

一隻基本的機械錶，至少有 130 多個零件，果真令人眼花繚亂，但相對地，這也是令人深深着迷的地方。手錶功能愈多，走時愈精準，就需要愈多零件、愈細緻的零件打磨和裝嵌，這往往展示了各家品牌工藝技術和美學的魅力，當然在價錢上也會有所反映。順帶一提，現在史上最昂貴的首 10 款手錶，全由機械錶佔據，最貴的可達近 2 億港元天價，一隻手錶已經是藝術品。

機芯結構複雜，令到不少入門收藏者卻步，但如果能夠將不同部分有系統地拆開來看，其實也沒有想像中般難以理解。機芯主要可分為 4 個部分：

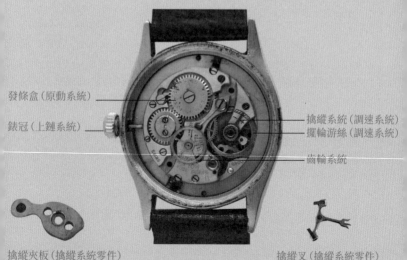

發條盒（原動系統）

錶冠（上鏈系統）

擒縱系統（調速系統）

擺輪游絲（調速系統）

齒輪系統

擒縱夾板（擒縱系統零件）

擒縱叉（擒縱系統零件）

上鏈結構

手動上鏈：通過扭動錶冠，帶動連接發條盒的齒輪轉動，為發條盒上鏈。

自動上鏈：手部活動時，使半月形離心器擺陀受重力作用，在 330 度至 360 度之間擺動，帶動連接發條盒的齒輪轉動，為發條盒上鏈。

原動系統

包括發條盒和發條鏈。發條盒收藏發條鏈，上鏈時，發條會被扭緊並捲於軸心，儲存扭力，當發條慢慢放鬆時便會釋放扭力，並驅動齒輪運行。

齒輪系統

不同大小的齒輪分別連接時、分、秒針，負責傳送由發條所釋放出的扭力，令指針持續運轉。

調速系統

從發條釋放的扭力並不平均，發條初段釋放的扭力較強，齒輪速度較快，末段釋放的扭力較弱，齒輪速度較慢，如果只有發條和齒輪，指針運行便會時快時慢，走時不準確。為了解決這個問題，便需要有一個調速系統，令扭力可以平均地輸送至齒輪系統。

調速系統包括兩個部分：擒縱系統和擺輪游絲。擒縱系統

由擒縱輪及擒縱叉構成；擺輪游絲由平衡擺輪和游絲構成，這是機芯的「心臟系統」，重中之重。

連接着齒輪的擒縱輪，會將從齒輪接收的扭力傳送至擒縱叉，然後以穩定頻率轉動平衡擺輪，產生穩定頻率的振幅，由此產生穩定的動力將會傳送至游絲，游絲便會穩定地收縮和伸展擴張，維持平衡擺輪按穩定頻率的振動。

而平衡擺輪會將這個特定頻率，又再經過擒縱叉和擒縱輪，傳回至齒輪系統，令到指針可以穩定頻率運行，達到走時精準的效果。

自製機芯與通用機芯

一枚機芯造工如此複雜，當然不可能每個品牌都有能力製造出自家機芯，這時便要使用由機芯生產商如 ETA、Lemania 與 Frédéric Piguet 等所製造的通用機芯，其中最為著名的便是 ETA（ETA SA Manufacture Horlogère Suisse）。

ETA 在 1793 年於瑞士開始製作機械機芯，現時為全球規模最大的半成品機芯（Ébauche，又稱空白機芯）生產商。半成品機芯是指還未裝置某類零件如擒縱系統或平衡擺輪的機芯，因此各家品牌可以在一定基礎上，以品牌的特色零件填補和改裝這些空白位置。以往曾使用 ETA 機芯的品牌包括沛納海（Panerai）、蕭邦（Chopard）、帝舵

（Tudor）、豪雅（TAG Heuer）、宇舶（Hublot）、百年靈（Breitling）、勞力士（Rolex）等等，以往 ETA 機芯在手錶市場的市佔率曾高達八成。

ETA 的 3 款通用機芯型號最為普及：2824-2、2892A2 和 7750。ETA 2824-2 機芯擁有大三針（時、分、秒指針）和日曆功能，有日期顯示視窗、25 顆寶石軸承，雙向自動上鏈，震頻每小時 28,800 次，使用 ETACHRON 微調器，動力儲備為 42 小時，被認為是基本、高穩定性和便宜的型號，調校日曆時需將錶冠向上扭。

ETA 2892A2 機芯屬於中高檔系列，同樣備有大三針和日曆功能，擁有環型擺輪、21 顆寶石軸承，雙向自動上鏈，震頻每小時 28,800 次，使用 ETACHRON 微調器，動力儲備為 50 小時，被認為是高穩定性、高準確度的型號，調校日曆時需將錶冠向下扭。這個機芯最特別之處是延伸性高，經改良後可以增加萬年曆、計時、GMT 兩地時間等複雜功能。

ETA 7750 層次再高一點，常應用於具備複雜功能的手錶，最易辨識的是錶面 6 時、9 時、12 時位置有小視窗，作為 60 秒、30 分鐘和 12 小時的計時碼錶，另外在 2 時和 4 時位置多加兩個錶冠按鈕。機芯擁 25 顆寶石軸承，單向自動上鏈，震頻每小時 28,800 次，使用 ETACHRON 微調器，動力儲備為 54 小時。錶面的 3 個視

窗通常被品牌改裝，用作增加日期、星期、月份和月相等複雜功能，延伸性很高。

近年手錶界興起自製機芯熱潮，品牌紛紛以此作為賣點，給了坊間一種印象，以為自製機芯比起通用機芯更矜貴、更優秀。但這絕對是錯誤的想法，若回到衡量手錶的起點，亦即「準確性」，那麼不論自製機芯，還是通用機芯都要受此標準檢測，質素參差的自製機芯，當然比不上已經應用百多年的通用機芯了。

另一方面，看通用機芯，還可以看出一隻手錶的性價比。舉個例，如果兩款錶的功能、物料相若，機芯是同一型號的通用機芯，但價格相差幾倍，那麼就值得思考，比較貴的那款是否真的物如其值了。

寶石軸承

不論手錶還是鐘，通常都會在錶面或機芯列明「XX Jewels」，XX 為寶石數量。寶石軸承的作用是用來減少機芯內齒輪軸心的摩擦，從而減少因零件損耗而出現的金屬屑，以保持機芯性能。一般而言，愈複雜的機芯需要的寶石愈多，加上以前多用天然紅寶石，所以數量多顯得手錶矜貴。但機芯愈複雜不代表性能愈好，加上現時已改用人造紅寶石，寶石軸承的數量也不代表甚麼了。

品牌 ｜ BVLGARI　　型號 ｜ Ergon EG40BSSD　　推出年份 ｜ 約 2014 年
主要物料 ｜ 鋼　　機芯 ｜ ETA 2892A2

品牌 ｜ Gucci　　型號 ｜ Pantheon 115.2　　推出年份 ｜ 約 2011 年
主要物料 ｜ 鋼　　機芯 ｜ ETA 2824-2

品牌 | 愛寶時（EPOS）　型號 | 3341M　推出年份 | 2010 年代
主要物料 | 鋼、藍寶石水晶（錶鏡）　機芯 | ETA 7751

品牌｜Louis Erard　型號｜La Festa Mille Miglia 特別版
推出年份｜2010 年代　主要物料｜鋼、藍寶石水晶（錶鏡）
機芯｜ETA 7750

品牌｜Meistersinger　型號｜MM402G　推出年份｜2010 年代
主要物料｜鋼、防刮藍寶石水晶（錶鏡）　機芯｜ETA 7750

錶

TYPES

14

WATCH

電波錶、衛星錶

RADIO WATCH,
SATELLITE WATCH

1970 年代，電子石英錶在世界掀起一股熱潮，各鐘錶品牌趁着這股熱浪不斷研發新技術，極大地發揮電子錶的潛能。1980 年代世界經濟發展迅速，當跨國交流愈來愈頻繁，昔日機械錶的 GMT 兩地時間功能顯然已不夠用，能於甫抵達外地時，便準確顯示當地時間的手錶，對於經常週遊列國的商務人士來說極為方便，因此出現了電波錶和衛星錶這類高科技產品。

星辰（Citizen）於 1989 年成功研製出日本第一枚電波訊號接收集成電路，繼而於 1993 年推出全球首款多局電波手錶（即能接收多地電波的手錶）。星辰電波手錶通過安裝於手錶中的天線，接收源於位處歐洲、北美、中國和日本 4 個地理區域 * 電波塔的高精度原子鐘所發出的標準時間無線電波訊號。抵達當地大約 30 秒，手

錶便能自動校正時間和日期，其精準度已能達 10 萬年中僅有一秒誤差。

不過，接受電波訊號仍會受電波干擾、地理環境、建築物，以及不利天氣狀況等影響，加上如果遠離這 4 個區域，或走到偏僻的地方便無法接收電波訊號，雖然手錶仍可運作，但就不能準確校正時間了。有見及此，星辰於 2000 年代開始研發衛星對時技術，並於 2011 年發布全球首款衛星對時手錶 Eco-Drive Satellite Wave ，可覆蓋 38 個時區的世界時間，透過連接距離地球 2 萬公里的全球定位系統 (GPS) 衛星，接收其發射的位置數據和標準時間訊號，抵達當地大約 60 秒，就能自動校正手錶的日期和時間，精準度達每個月只有 5 秒誤差。

除了星辰，卡西歐（Casio）與精工（Seiko）亦有推出電波錶，而擁有 GPS 功能的手錶，在今天來說已是十分普遍，基本上是新款電子錶必備的功能。

雖然今天手機已有自動校正時間和日期的功能，但對於習慣戴錶看時間的人來說，電波錶或衛星錶始終有其無可取代的重要性，而在歷史的角度來看，也正是見證了一項技術的創新，刻畫了一個時代。

> * 目前全世界共有 5 個國家有發射標準時間無線電波訊號的電波塔，分別是中國、日本、德國、英國與美國。

光動能

電子石英錶熱潮興起，連帶令廠商開始研發更有效的電池——更長壽命、更低成本。星辰早於 1976 年推出全球首款光動能指針式手錶 Crystron Solar Cell，透過安裝在錶面內部和錶圈內側的太陽能面板，可吸收任何可見光源如日光、室內照明燈光等，並轉化成能量儲存在電池中。現在最厲害的技術，是在光動能手錶充滿電的狀態下，已經可以在完全黑暗的環境中，持續運行 6 個月以上。

GMT 兩地時間錶

1955 年，勞力士推出了專為飛行員和環球旅行人士而設計的兩地時間系列 Oyster Perpetual GMT-Master，方便他們閱讀當地和出發地時間，甫推出即成為當時最著名的美國國際航空公司泛美航空公司（Pan American World Airways）的指定手錶。錶面設有雙指針系統，主要指針指向錶面 12 小時制時間，另一三角形箭頭指針指向顯示第二時區的 24 小時旋轉錶圈，可按使用者需求而顯示成另一時區時間。GMT 系統界面簡單，也方便易用，時至今日仍有很高的實用性。勞力士聞名的「百事圈」、「可樂圈」，即因 GMT-Master 系列的藍紅色、紅黑色外圈（兩色為了分隔晝夜時間）而得名。

當然，不只勞力士，各大品牌如波爾（Ball）、帝舵、豪雅等也有旋轉錶圈的兩地時間設計。另外，兩地時間功能並不只有指針加上錶圈的設計，品牌如精工、萬寶龍（Montblanc）、歐米茄（Omega）等則是指針加上錶面 24 小時時間刻度或加入小視窗，設計傾向簡約優雅。

品牌 ｜ 勞力士（Rolex）　型號 ｜ Oyster Perpetual Date GMT-Master
推出年份 ｜ 1980 年代

● 時針為賓士針，三角箭頭指針不能獨立轉動。

品牌｜星辰　型號｜AT9080-57A（石英機芯）

推出年份｜約 2016 年　主要物料｜不鏽鋼（錶帶和錶殼）、藍寶石玻璃（錶鏡）　推出市場時價格｜約 5,580 港元

● 具光動能、萬年曆、顯示 26 個城市的世界時間等功能。

品牌｜星辰　型號｜Eco-Drive Satellite Wave-Air（石英機芯）

推出年份｜約 2013 年　主要物料｜鈦金屬（錶帶、錶殼）

推出市場時價格｜約 19,500 港元

● 具光動能、世界時間、萬年曆等功能。

電子錶的誕生

音叉錶

TUNING FORK
WATCH

今天的電子錶款式琳瑯滿目，功能應有盡有，相信大家絕不陌生。然而，對1960年代以前的人來說，電子錶是稀有之物，直至1960年電子錶——寶路華（Bulova）音叉錶 Accutron 面世，才震驚了全世界。音叉錶所使用的技術，啟發到後來日本鐘錶商研發電子石英錶，所以今天大家才有更便宜、準確的電子錶使用。

寶路華由約瑟夫·寶路華（Joseph Bulova）於1875年創立，品牌最初着重於發展座枱鐘和陀錶，1919年才正式推出手錶，往後陸續推出多款創新的機械裝置如軍用錶、航天時計等。品牌創新層出不窮，曾分別於1928年和1931年，發明全球首個收音機時鐘和電子鐘，後又於1953年發明音叉錶的原型並申請專利，1960年正式面世並量產，成為了鐘錶演化歷史中一

個重要的里程碑。

音叉錶是配備了電子音叉機芯的精鋼錶，其原理是以電池代替機械錶的發條裝置提供動力，透過將電磁鐵反覆加磁和消磁，而不斷吸引或推開 Y 形音叉，利用穩定的共振頻率帶動齒輪運作和調速，振頻達 360 赫茲，每天走時誤差可低至少於 2 秒。相比起一般機械錶機芯使用傳統擒縱系統所產生的 2.5 至 5 赫茲振頻，若兩者穩定性相若，音叉錶的準確度無疑更高。

以 99.9977% 準確作賣點

準確是其賣點，當時其宣傳海報上便寫着「沒有游絲擺輪系統限制準確性」、「唯一可以確保 99.9977% 準確的時計」，實在

非常囂張。實際上，其名字 Accutron 正是 Accuracy（準確度）和 Tronics（電子學）的合體，其 Y 形標誌就是電磁鐵與 Y 形音叉的象徵。

早期音叉錶在外形設計上十分有看頭，錶面採用了透明膠蓋，在錶面正中間可以清楚見到電磁鐵和 Y 形音叉，相當過癮。另外，音叉錶還有一個特別之處，在手錶運轉時靠近耳朵，會聽到有別於機械錶的滴答滴答聲 —— 一種低鳴的嗡嗡聲，這是電磁鐵共振時所發出的聲音。

雖然音叉錶美其名提升了準確度，不過卻因技術未成熟而導致耗電量大，很不耐用，運行半年至 9 個月就要換電，而且機芯對電壓要求亦很高，只能使用 1.3 瓦特餅電，一旦使用今天常見的 1.5 瓦特或

3 瓦特餅電，不消一陣子便會燒掉電容和磁圈。坊間有些供助聽器使用的 1.4 瓦特鋅空氣餅電仍可勉強用於音叉錶，當然若音叉錶壞掉，換零件的可能性幾乎為零，後果閣下自負。不過今天鐘錶愛好者會收藏音叉錶，是因其歷史價值而非實用價值，偶然拿出來觀賞一番，於願足矣。

音叉錶推出初期，曾因嶄新技術而名噪一時，據說全盛時期全球銷量數以百萬計，音叉技術更深受國家機構青睞，尤其是用於需要高精準度的太空儀器上，例如 1960 年代美國太空總署在雙子星計劃和阿波羅太空船中使用音叉時計，1962 年成為經美國鐵路人員認證的手錶等。

可惜在 1960 年代後期，情況有所轉變。日本鐘錶品牌精工以音叉原理為依據，推

出了首隻商業化生產的電子石英錶，透過高達 3 萬赫茲的石英共振頻率帶動齒輪轉動，其賣點是更穩定準確，耗電量低和更耐用，而且更便宜，隨即擄獲了大眾歡心。音叉錶從此一蹶不振，更於 1980 年代停產。

不過，寶路華後來也陸續推出復刻版，例如於 2002 年推出 40 週年紀念版 Spaceview 21，於 2020 年更創新地推出 Spaceview 2020——世界上第一款採用靜電能驅動的手錶，沿用透明錶面展露機芯的視覺衝擊，計時精準度已可高至每月誤差只有 5 秒。雖然這款新的「音叉錶」沒有昔日音叉錶的電壓和運行問題，但也失去了特色的「嗡嗡聲」，孰好孰壞？

收藏級的音叉鐘

音叉錶或許因體積和歷史價值而令手錶愛好者有一定的收藏興趣，但音叉鐘卻似乎早已被人遺忘，甚至遺棄。寶路華當年乘勢推出以音叉機芯製作音叉鐘，可惜同樣遇上運行的問題：機芯耗電量大，不耐用，加上 1.3 瓦特電壓太低，同時推動 3 針運行很吃力，能運作一年半載已算不錯，故難逃被拋棄的命運。音叉鐘比音叉錶更罕有，流傳至今少之又少，雖不保值，但說其是博物館收藏級別也不為過。

品牌｜寶路華　型號｜Accutron Spaceview　推出年份｜約 1960 年
主要物料｜鋼、14K 包金

- Spaceview 意謂「沒有錶面」，透明錶面清晰展露品牌引以為傲的
  機芯，是其特色設計。

- 錶面正中間可以清楚見到電磁鐵和 Y 形音叉；音叉連接了微型摩打，
  音叉的運動以音叉、晶體管和無機械觸點為特徵。

- 錶底有設計特別的拉環以調校時間，旁邊放入特別尺寸的 1.3 瓦特
  電池。

躍動的時間

跳字錶

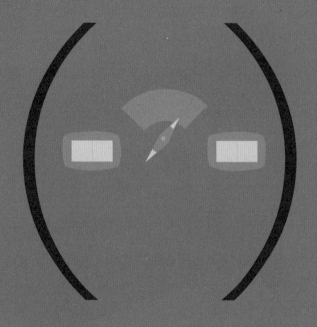

JUMPING HOUR
WATCH

跳字（Jumping Hour），不是電子錶的專利，機械錶同樣有能力做到。機械跳字錶的誕生可追溯至 1883 年由奧地利工程師 Josef Pallweber 發明的跳字陀錶，不過要到 1920 年代，跳字功能才真正被應用於手錶。跳字錶以小視窗取代指針來顯示時間，設計上比傳統指針更前衛，理論上也更方便用家閱讀時間。

跳字手錶於 1920 年，最早由萬國（IWC）帶起風潮，後來不少高檔次品牌如朗格（A. Lange & Söhne）、百達翡麗（Patek Philippe）亦順勢推出，顯示自己的製錶實力。

之所以會說是「顯示實力」，是因為製造跳字錶的機芯也有一定難度。每過 60 秒、60 分鐘，跳字錶分鐘視窗和小時視

窗的數字便會相應地跳動一次，原理就在於跳字錶的機芯以轉盤取代指針。然而，推動轉盤比起轉動指針所需要的動力更高，所以動力儲備裝置要做得更強大。

而另一個難處在於，傳統指針錶走時只需要平均輸出的動力（而且愈平均，走時便愈準確，而讓動力平均輸出也是歷年來鐘錶師最大的課題之一），跳字錶則不然，既要平均輸出動力，但跳字的瞬間又需要有同步的額外動力釋放，產生一定的技術困難。

1920 至 1970 年代，各大品牌亦有陸續推出機械跳字錶，而在 1970 年代電子石英錶盛行後，電子跳字錶，如漢米爾頓（Hamilton）的 Pulsar，亦開始盛行起來。或許因為機械跳字錶製作費用較高，今天

我們見到的大部分跳字錶也已經屬於電子錶了。

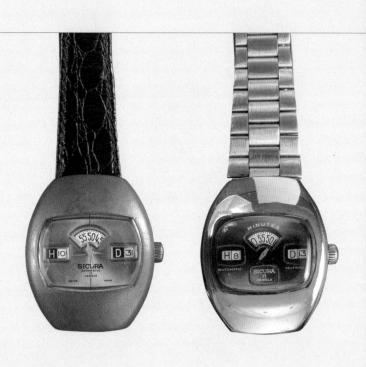

品牌｜Sicura　推出年份｜1970 年代　主要物料｜銅（左）、鋼（右）
推出市場時價格｜約 300 港元

● 調校時間時，需要把錶冠向下扭，同樣以順時針轉動。

● 中間有獨特的秒針，保有手錶的運轉視覺效果。

● 錶面的 H 指小時，中間顯示分鐘，D 表示日期。

品牌 ｜ Benrus　　型號 ｜ Dial-O-Rama　　推出年份 ｜ 1950 年代
主要物料 ｜ 鋼　　推出市場時價格 ｜ 約 300 港元

聲音的實力

鬧錶

ALARM WATCH

大概每個人都想，每天早上是被夢想而不是鬧鐘叫醒，可惜世事豈能盡如人意，每朝醒來還是得依靠可惡的鬧鐘。在 1960 年代，就像攜帶版鬧鐘的鬧錶（Alarm Watch）開始普及，不少品牌乘勢推出鬧錶。鬧錶、問錶和自鳴錶同樣屬於鳴響類手錶，不過相比起後兩者動輒上百萬港元的價位，鬧錶在價錢上親民得多。

在當時來說，擁有響鬧功能的瑞士錶較為昂貴，取而代之的日本製造的鬧錶則相宜得多，例如星辰 41 Alarm 系列。鬧錶可說是潮流，但亦有其實際功能，例如提示開會和與客戶見面時間，對打工仔來說很實用。

鬧錶通常有兩個錶冠，調校鬧鈴和為鬧鈴上鏈的一般處於 2 時位置，調校時間和

為手錶上鏈的一般處於 4 時位置，錶面也會有獨立指示鬧時的鬧針。

響鬧功能看似微小，但對機芯的改動甚大，對品牌來說亦是技術挑戰。首先，響鬧功能需要有額外動力儲存裝置和擒縱系統，在不影響走時的情況下，於預設時間釋放動力。調校好獨立鬧針後，當到達指定時間，機芯內的凸輪會啟動槓桿，從而令獨立發條裝置釋放動力，並傳遞至金屬鬧錘，敲響金屬鼓膜發出聲響。

響鬧的聲音會受不同因素如錶殼、鬧錘、鼓膜等的物料所影響，較好的聲音清脆悅耳、活潑有力，較差的則嘈吵雜亂且了無生氣。順帶一提，由於造工困難，好一些品牌出產的鬧錶總有一大部分是不會響鬧的次貨，需要退回廠家。

品牌為顯示自己的工藝和實力，都會在鬧錶響鬧聲音上比拼，因而令當時鬧錶百花齊放。

品牌｜羅唐納（Rodania）　型號｜Bell Alarm　推出年份｜1970 年代
主要物料｜鋼

● 錶面刻有「INCABLOC」（馬蹄形避震器）字樣，即具防震功能。

● 設響鬧和日期顯示功能。

● 瑞士製造手動上鏈機芯。

品牌｜星辰　　型號｜41 Alarm Date　　推出年份｜1960 年代
主要物料｜鋼

● 錶面刻有「PARA 40 METER 21 JEWELS」字樣，即有 21 顆寶石
　軸承，並具防水 40 米深度功能。

● 原裝錶帶刻有 C 字。

● 日本製造手動上鏈機芯。

● 設響鬧和日期顯示功能。

品牌｜星辰　　型號｜41 Alarm　　推出年份｜1960 年代
主要物料｜鋼、鍍金

● 錶面刻有「17 JEWELS PARASHOCK」字樣，即有 17 顆寶石軸承
　並具防震功能。

● 設響鬧功能。

● 日本製造手動上鏈機芯。

品牌 ｜ 寶路華　型號 ｜ Wrist Alarm　推出年份 ｜ 1960 年代
主要物料 ｜ 鋼、鍍金

● 瑞士製手動上鏈機芯。設響鬧功能，其中指示鬧時的鬧針是特別的
　蛇形箭頭。

曇花一現的陀

撞陀錶

BUMPER AUTOMATIC

type5　　watch

今天的自動上鏈錶，配戴時十分自然，彷彿感受不到擺陀（半月形離心器）的存在。但在 1940、1950 年代自動上鏈錶還未發展完善時，在過渡階段曾經出現過撞陀錶，雖然同是自動上鏈，但手感十分特別，配戴時會感覺到機芯內的擺陀在彈來彈去，十分有趣。

自動上鏈錶的原理，是透過手腕的運動，在地心吸引力的牽引下驅動擺陀運動，產生動能，繼而為手錶上鏈。只要配戴着手錶，就能令手錶持續運行，比起手動上鏈錶方便。

不同的擺陀會有不同的效能，設計較好的擺陀，在每次移動時都會產生較大動能、較少損耗。早期自動上鏈錶使用過一種擺陀，它只能有限度地左右移動，

到了某一個位置，擺陀的一端就會撞向彈簧，再反方向移動，角度大約在 270 度至 300 度之間，是為撞陀。撞陀的效能不太理想，一來產生的動能較小，二來彈簧容易鬆脫和損耗。

1950 年代撞陀錶的代表作，有歐米茄的星座（Constellation）系列，外表設計十分精緻，在錶殼、錶面、指針、品牌標誌上使用包金工藝，錶面更有細緻的紋理如緞面、磨砂飾面、扭紋和斜紋暗花等，最特別而且只佔系列中少數的是曲耳八卦面，帶古典而優雅的味道。

隨着能夠擺動 330 度至 360 度、無彈簧、更高效能的擺陀出現，這種低效能的撞陀便被淘汰了，今天能夠買到的撞陀錶都已經成為了古董錶。

品牌｜高路雲（Gruen）　型號｜Continental　推出年份｜1950 年代
主要物料｜鋼、金

● 高路雲曾經是美國最大的手錶生產商，於 1977 年停產，所出產的手
　錶受古董錶愛好者歡迎。

● 錶面寫有「AUTOWIND」，早期用來描述自動上鏈錶，現在較多見
　用「Automatic」。

品牌｜歐米茄　型號｜Constellation　推出年份｜1950 年代
主要物料｜鋼、包金、樹脂膠

● 錶底是俗稱「金肚臍」的鋼包金設計，圖案是以八星伴天文台，代表了歐米茄在連續 8 年間，每年都在天文台計時錶比賽中取得成就。錶面星星標誌代表星座系列。

● 罕見的曲耳八卦面設計，即錶面中央部分有特別的凸出設計。

品牌｜歐米茄　型號｜Constellation　推出年份｜1950 年代

主要物料｜鋼、包金、樹脂膠

● 錶殼、錶面、指針、品牌標誌使用包金，底部是鋼。

● 錶面星星標誌代表星座系列。

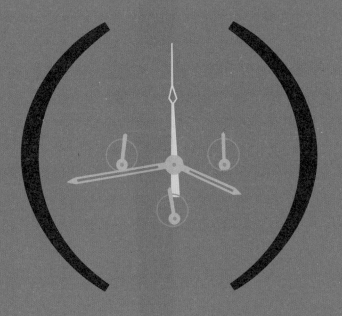

秒針一小步　人類一大步

月球錶

MOONWATCH

1950 年代起，美國和蘇聯兩位冷戰主角為了增強國力，展開了激烈的太空競賽，其中手錶扮演了相當重要的角色。它一方面可以讓任務準確地執行，另一方面也是救命恩物：一旦太空艙發生事故，太空人無法與地球的指揮部聯絡，或數位計時器失靈，他們就只能依靠小小的手錶逃出生天。其中最膾炙人口的，是被譽為美國太空總署（NASA）御用錶的歐米茄超霸錶（Speedmaster），曾經在關鍵的 14 秒拯救了 3 位太空人。

超霸錶能被選上執行太空任務，並不是 NASA 與歐米茄之間有商業合作，相反，超霸錶要經過重重嚴格考驗才能脫穎而出。1960 年代初，NASA 工程師到坊間尋找能在嚴酷環境下準確運行的手錶，最後選出了 4 個品牌：浪琴（Longines）、勞力

士、漢米爾頓和歐米茄，並邀請對方提供手錶作測試。

品牌的手錶要接受 10 個模仿太空極端環境的測試，例如極限溫度測試，就是模仿了月球上可高達正負攝氏 100 度溫差的環境：先將手錶置於接近真空中，加熱至攝氏 70 度達 48 小時，再以攝氏 93 度加熱 30 分鐘，然後放置於攝氏零下 18 度達 4 小時；其他包括模擬濕度和重力變化測試、壓力測試、抗蝕測試、撞擊測試、加速測試、噪音測試等，只有完全通過所有測試才會獲選為 NASA 認證「可參與所有載人太空飛行任務」的太空錶。

歐米茄超霸是唯一通過所有測試的手錶，隨即跟隨太空人愛德華・懷特（Edward Higgins White）執行雙子星 4 號

任務，進行了美國人首次太空漫步。1969 年，太空人岩士唐（Neil Armstrong）和艾德靈（Buzz Aldrin）踏足月球表面，這被喻為「月球一小步，人類一大步」的文明成就，令隨行的超霸錶也成為全世界首隻登陸月球的手錶，因而被冠以月球錶（Moonwatch）的稱號。超霸錶前後共參與了 6 次載人登月任務，扮演着相當重要的角色。

太空艙爆炸險象環生

其中最動魄驚心的例子，要數 1970 年發生的「阿波羅 13 號」事件，這件事甚至多次被拍成電影，至今仍為人津津樂道。「阿波羅 13 號」是 NASA 阿波羅計劃中第七次載人和第三次登月任務，火箭發射後兩天，正向着月球前進的太空船突然發生

嚴重意外，底部服務艙氧氣瓶爆炸，這意味着沒有足夠氧氣讓太空人維生和讓太空船發電，以完成登月任務，因此任務目標轉為讓太空人安全重返地球。

船上 3 位太空人吉姆・洛弗爾（Jim Lovell）、傑克・斯威格特（Jack Swigert）和弗萊德・海斯（Fred Haise）只能先利用仍有氧氣的登月艙緊急逃生，為節省燃料更關閉了艙上大部分電力裝備。他們須利用登月艙的引擎調整航道，令太空船向地球飛去，而經過計算，這要精準地控制引擎燃料燃燒 14 秒，才能讓登月艙推進的距離正確。惟當時艙上的數位計時器已無法運作，超霸錶便發揮了關鍵作用。須知道，多一秒少一秒，都有機會令太空船無法在限時內進入預期軌道，後果堪虞。最後指揮艙成功安全降落到南太平洋，3 位太空人安全無恙，實在是有驚無險！

品牌｜歐米茄　型號｜Speedmaster（超霸系列）

推出年份｜約 1969 年　主要物料｜鋼、碳纖維玻璃膠（錶鏡）

推出市場時價格｜約 6,000 港元

● 錶底刻有「FLIGHT-QUALIFIED BY NASA FOR ALL MANNED SPACE MISSIONS」、「THE FIRST WATCH WORN ON THE MOON」，很有霸氣。

● 自家 1861 手動上鏈機芯，3-6-9 錶面視窗格局，即在 3 時、6 時、9 時位置設小視窗，包括小秒針、30 分鐘計時、12 小時計時。

品牌 | 飛亞達 (FIYTA)　型號 | GA8470.WBB　推出年份 | 約 2011 年
主要物料 | 特種合金鋼、防眩光藍寶石玻璃 (錶鏡)、PU 膠 (錶帶)
推出市場時價格 | 約 15,360 港元

- 2003 年起，飛亞達便為中國載人太空任務提供輔助計時設備，見證了中國的太空科技發展。

- 為紀念神舟 8 號飛船在距離地球 343 公里的軌道上實現中國首次空間交會對接而推出。

- 錶底刻有有趣的太空人圖案。

品牌｜Fortis　型號｜Official Cosmonauts Chronograph Fortis X Roskosmos B42　推出年份｜約 2004 年　主要物料｜鋼、藍寶石水晶玻璃（錶鏡兩面帶有抗反射塗層）　推出市場時價格｜約 24,000 港元

● 自 1994 年起，Fortis 與俄羅斯聯邦航天局（Roscosmos）合作，品牌手錶被納入為太空人標準裝備。

● 錶底刻有「FORTIS B42 OFFICIAL COSMONAUTS CHRONOGRAPH」。

● 使用 ETA Valjoux 7750 手動上鏈機芯，傳統 6-9-12 視窗格局。

功能錶

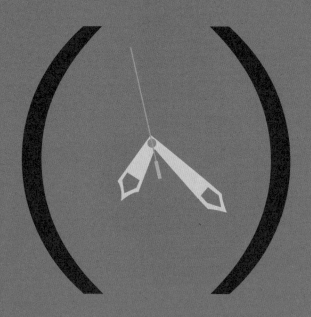

MULTIFUNCTIONAL
WATCH

type7 | watch

雖然手錶主要用作看時間，但有一類功能性手錶會添加許多其他輔助功能，方便配戴者在不同場合使用，例如相當受歡迎的運動錶、潛水錶、飛行員錶等，無論在一手市場還是二手市場均有價有市。

談起潛水錶，相信大家會想起勞力士的蠔式錶殼（Oyster Case），這是世界上首款防水錶殼。勞力士於 1926 年發明了這款錶殼，以獲專利的旋入式外圈、底蓋及上鏈錶冠系統接合並旋緊中層錶殼，達到防水、抗壓、防撞、防塵等保護機芯的效果，令機芯更堅固穩定地運行。

這當中有一件趣事：1927 年，26 歲游泳健將梅塞迪絲・吉莉絲（Mercedes Gleitze）成功橫渡英倫海峽，成為首位完成此項任務的英國女性。她游了超過 15 個小時

後，配戴的勞力士蠔式手錶仍運作如常，結果勞力士創辦人兼總裁漢斯·威爾斯多夫（Hans Wilsdorf）隨即在報章頭版刊出全版廣告，宣告勞力士蠔式手錶為全球首款防水手錶。

順帶一提，當年作為與勞力士同公司的中低價品牌帝舵，兩者也曾「Crossover」推出過型號為「Oyster Prince」的潛水錶，即以帝舵之名，用上勞力士的蠔式錶殼。而今日兩個品牌已有各自發展的路線，想再次看到兩個品牌合體，幾乎是不可能的事了。

除了潛水錶，飛行員錶也是其中受歡迎的功能錶。一次世界大戰後，飛行員錶變得愈來愈重要，主要是為了讓戰機飛行員在準確時間內投出炸彈。一般來說，飛行員

錶擁有以下條件：大錶冠方便戴手套的飛行員調校時間，口徑和時標也設計得較大，方便閱讀，夜光錶面方便夜間看時間，防磁功能免受機艙內電子零件磁場影響，GMT兩地時間方便閱讀出發地和目的地時間，以及用於計算平均時速的測速圈（Tachymeter）功能等等。雖然普通人日常配戴不需要那麼多功能，但實在是入型入格！

當年人們買這類功能錶，通常是因為有功能上的實際需要。然而到了今天科技日新月異的情況下，功能錶的大部分功能都已經是為噱頭而誕生了。

品牌｜漢米爾頓　型號｜Khaki Aviation Series X Copter
推出年份｜約 1990 年　主要物料｜銀色不鏽鋼（錶殼）、
橙色皮革（錶帶）、防刮藍寶石水晶（錶鏡）
推出市場時價格｜約 13,000 港元

- 瑞士製直升機師手錶。

- 採用 ETA Valjoux 7750 自動上鏈機芯。

- 功能包括 100 米深度防水、日期、指南針、計時，錶圈有華氏、攝氏溫度轉換刻度和羅盤方位標記。

- 9 時位置有小秒盤和最大起飛重量計算器（Maximum Take Off Weight，MTOW），螢光錶面方便夜間閱讀。

- 2 時位置錶冠作計時起動和停止，3 時位置錶冠作調校時間，4 時位置橙黑條紋錶冠作飛返計時（Flyback）。

- 6 時位置有 H 字樣，象徵直升機停機坪；黑色錶面帶有白色圓點，象徵用於航空業的鉚釘。

- 不鏽鋼旋入式錶底和藍寶石水晶切割成螺旋槳形狀，乃視覺享受。

品牌｜帝舵　型號｜Oyster Prince Submariner（7924）
推出年份｜約 1958 年　主要物料｜鋼（錶殼）
推出市場時價格｜約 2,000 港元

- 使用自動上鏈機芯的潛水手錶,搭配勞力士經典獨家蠔式錶殼。錶殼和錶冠防水深度達 200 米。

- 啞光黑色錶面刻有帝舵早期玫瑰標誌,「Tudor」原意象徵都鐸王朝,玫瑰圖案象徵其族徽。至 1970 年代帝舵才確立以盾牌為標誌。

- 錶面有夜光功能,12 時位置刻有「OYSTER PRINCE」字樣;6 時位置刻有「200m=660ft」、「SUBMARINER」、「ROTOR」(擺陀)和「SELF-WINDING」(自動上鏈)字樣。

- 指針採用勞力士慣常使用的賓士針。

- 旋入式錶冠刻有勞力士經典皇冠標誌。

- 旋入式錶殼底蓋刻有「ORIGINAL OYSTER CASE BY ROLEX GENEVA」(日內瓦勞力士製造原裝蠔式錶殼)字樣。

- 圓拱形 Tropic 增厚樹脂玻璃錶鏡,承受水壓的能力更佳。

- 雙向旋轉外圈以 5 分鐘為一格,方便潛水員測量潛水時間。

品牌｜波爾　型號｜Engineer Hydrocarbon

推出年份｜約 1990 年　主要物料｜鋼（錶殼）、防反射藍寶石水晶凸面
（錶鏡）　推出市場時價格｜約 15,000 港元

- 潛水手錶。

- 錶底有潛艇圖案。

- 300 米深度防水，耐寒攝氏零下 40 度，防磁達 12,000 安培每米 (A/
  m)，抗撞擊達 7,500 高斯（Gs），錶面有夜光功能。

品牌｜天梭（Tissot） 型號｜T-Touch II 推出年份｜約 2004 年
推出市場時價格｜約 7,700 港元

● 多功能觸控螢幕手錶。

● 只要按住中間螢幕 5 秒，就可以輕觸螢幕以轉換使用不同功能，如
指南針、鬧鐘、溫度、高度計、氣壓計和計時。

● 電子石英錶，防水深度達 100 米。

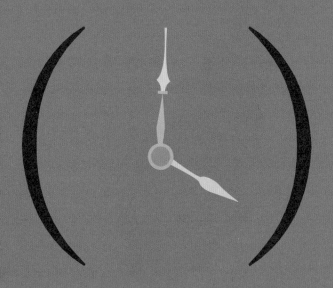

品牌展示實力之作

長動力機芯

LONG POWER
RESERVE MOVEMENT

手動上鏈錶最麻煩的地方當然是要記得上鏈，如果機芯動力儲備時間太短，要每天上鏈就更麻煩，萬一有天忘記了，手錶就會走時不準。鐘錶師為了解決這個問題，發明了 3 日鏈、8 日鏈，甚至有高檔品牌，如江詩丹頓（Vacheron Constantin），推出 65 天超長動力機芯，使用起來更方便。

雖無明文規定，但理論上超過 72 小時的動力儲備時間已可算是長動力，不過一般而言，品牌標榜的長動力常以 8 天動力儲備為標準。8 日鏈機芯首次出現，要追溯至 1888 年 Hebdomas 的誕生。1888 年，鐘錶師 Iréné Aubry 發明了 Hebdomas 機芯，特點是超長發條裝置，幾近覆蓋了整個機芯，1910 年代開始量產並應用於陀錶上。

使用 Hebdomas 機芯的錶，尤其是陀錶，錶面會刻有「8 Jours」或「8 Days」字眼，意即 8 日鏈，上鏈裝置可儲存 8 天動力，上滿一次鏈可行走 8 天。不過發明者的原意，其實只是運作 7 天，讓配戴者一星期上一次鏈，即便到了第八天忘了上鏈都仍有少許剩餘動力，不至於完全停止運作。

長動力機芯在設計上有兩大方向，一是增加發條的長度，就像 Hebdomas 那樣，不過缺點是機芯太厚，而且也增加了控制扭力平均輸出的難度（發條末段動力減弱的情況更顯著），有機會導致走時不準（第七、八天走慢了的情況更明顯）。二是盡量使內部耗能減少，例如更輕薄、打磨得更好的零件，減少摩擦就可以減少動力浪費，不過這就要求相當高的技術，造成其

缺點是價格太高。

Hebdomas 機芯原本只是用於古典陀錶上，而且經過百多年來，其他 8 日鏈技術已經比最初 Hebdomas 的設計進步了許多，Hebdomas 也漸漸成為了歷史文物。不過瑞士品牌愛寶時於 2000 年代推出了應用 Hebdomas 機芯的復刻版 8 日鏈手錶，採用古典 Hebdomas 陀錶展露出擺輪的鏤空設計，令一眾喜歡懷舊的手錶收藏家愛不釋手。

八日鏈陀錶

● 使用 Hebdomas 長動力機芯的陀錶一般都有這款標準設計。

● 錶面刻有「8 JOURS」或「8 DAYS」字眼。

● 陀錶 6 時位置有鏤空設計並飾以鍍金雕花，可清晰地見到機芯擺輪。

● 時間刻度處於擺輪上方。

品牌｜愛寶時　推出年份｜2000 年代
主要物料｜鋼（錶殼）、白瓷（錶面）　推出市場時價格｜約 18,000 港元

- 錶面採用古典陀錶設計，錶冠為古典陀錶菊花形狀錶冠。

- 9 時位置有鏤空設計並飾以鍍金雕花，可清晰地見到機芯擺輪。

- 時間刻度處於擺輪右方。

- 搭配古董 Hebdomas 長動力機芯，刻有「8 JOURS」和「8 DAYS」字眼。錶底有潛艇圖案。

- 曾在 2004 年贏得饒富聲望的德國 Goldene Unruh 獎項。

220 年的神秘國度

陀飛輪

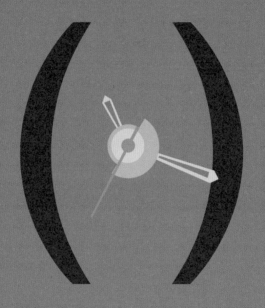

TOURBILLON

type9 | watch

說起陀飛輪（Tourbillon），大家首先聯想到的應該是「陳奕迅」和「天價」。一枚瑞士製造的陀飛輪，可以要價上百萬元，大有予人可遠觀而不可褻玩之感。陀飛輪這項技術早於 1801 年由瑞士鐘錶巨匠阿伯拉罕 - 路易・寶璣（Abraham-Louis Breguet）發明，220 年後的今天仍叫人醉心，但到底它有何特別之處？

數百年來，鐘錶師最關注的問題始終是鐘錶能否準確走時。鐘錶的發展歷史，可以簡單地說是從塔鐘、座鐘、陀錶，然後才發展到了今天常見的手錶，在 19 世紀中葉首隻手錶出現之前，人們可方便攜帶的只有陀錶。當時被譽為最具創造力的天才鐘錶師寶璣，發現長期垂直擺放的陀錶，機芯內控制動能釋放速度的擒縱系統和游絲擺輪，會受到地心吸力影響而令走

時不準，因此構思出添加一個不停旋轉的平衡裝置，抵消因重力而帶來的誤差。而這個堪稱為傳奇的發明，就是陀飛輪。

除了陀飛輪，寶璣還有不少令人嘖嘖稱奇的發明和改良，例如萬年曆、報時錶、寶石軸承等，至今這些功能仍廣為傳頌。而隨着時間推移，手錶機芯已被逐漸改良，變得更加穩定，走時亦已十分精準，陀飛輪的必要性已大大減低。但要製作出優秀的陀飛輪，需要高超的製作技術如製出輕巧精確的零件和細緻的機芯打磨工夫，因而常被各大品牌用作展示自家工藝，發展出炫目的陀飛輪如飛行陀飛輪、雙/三軸陀飛輪、雙金橋陀飛輪等，將陀飛輪的表現發揮至極致。

值得一提的是，寶璣早年曾向有一代製

錶宗師之稱的阿伯拉罕-路易‧伯特萊（Abraham-Louis Perrelet）學師，這位宗師同樣天才橫溢，發明了自動上鏈錶。二百多年後的今天，所有自動上鏈錶機芯無不是按照他所提出的結構而製造的，只能說一句，致敬！

品牌｜萬希泉（Memorigin）　推出年份｜約 2017 年　主要物料｜鋼
推出市場時價格｜約 40,000 港元

● 萬希泉是香港唯一陀飛輪手錶品牌，走中低價路線，數萬元就可以
　買到一隻入門版陀飛輪手錶。

● 少數提供可以在機芯刻字服務的品牌。

● 錶底可以看到陀飛輪機芯運作。

品牌｜伯特萊（Perrelet）　推出年份｜約 1998 年　主要物料｜鋼
推出市場時價格｜約 16,000 港元

古典優雅品味

陀錶

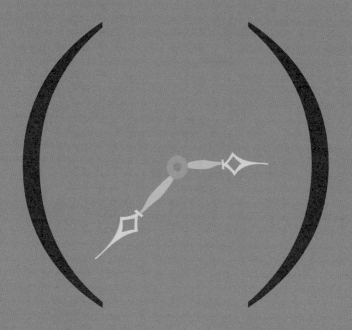

POCKET WATCH

在第一次世界大戰後手錶開始盛行之前，是陀錶的時代。陀錶早於 16 世紀早期，由被認為是發明先驅的德國紐倫堡鎖匠 Peter Henlein 大量製作，他因此而被譽為現代鐘錶之父。

在 16 世紀以前，無論時鐘體積如何從鐘樓般大縮小至家用版本，仍因為擁有擺錘而至少等身般高，只適合擺放在家，不適合攜帶外出。Peter Henlein 的偉大之處，在於他以發條盒代替了擺錘，作為機芯動力來源，一來讓「鐘」的體積縮小，二來不用怕損壞擺錘，大大提升了使用的便利性，成為了人們可以放在口袋中的「錶」。

Peter Henlein 發明的陀錶，外形呈橢圓蛋形，因此又被稱為紐倫堡蛋（Nuremberg Eggs）。為紀念他的成就，德國政府在紐

倫堡市內興建了他的雕像噴泉。

19 世紀早期，世上首條火車鐵道開通，準確而統一的計時系統更是不可或缺，試想想，若兩班火車同時到站，後果多麼不堪設想！因此，鐵道公司會為員工配備陀錶，以策安全。另一方面，市民也開始因應需求而配戴陀錶，陀錶由昔日富有人家的玩意，漸漸變成日常的必需品。

早期陀錶仍需靠鑰匙上鏈，不過這種方法容易令灰塵和水氣進入上鏈孔內損壞機芯，經改良後出現了使用錶冠上鏈和調校時間的設計。而隨着技術日益進步，陀錶愈來愈華麗和複雜，其後又出現了陀飛輪陀錶、三問陀錶、寶璣陀錶、萬年曆陀錶等，可以說是製作具備複雜功能的手錶的技術演練。

可惜到了 1930 年代，更為方便和準確的手錶熱潮興起，陀錶大勢已去，雖然各鐘錶品牌間或推出陀錶，但始終不及手錶有價有市。從收藏的角度而言，鑒於陀錶的升值能力比不上手錶，其價錢普遍較低，然而陀錶所使用的物料和技術一點也不簡單，對愛好者來說是「超值抵玩」。

品牌｜勞力士　推出年份｜1920 年代
主要物料｜銀（錶殼）、白瓷（錶面）

● 錶面有小秒針錶盤，錶冠上鏈。

● 錶面印有「ROLEX　PRECISION LEVER 7 WORLD'S RECORDS」

● 勞力士創辦人從 1905 年開始研究手錶製作，但與當時大多數品牌不一樣，在陀錶盛行的年代，勞力士便已着力開發手錶。至 1970 年代，勞力士間中斷斷續續推出過好些陀錶，但產量非常少。

品牌｜DOXA　推出年份｜約 1890 至 1905 年
主要物料｜鍍金（錶殼）

- 錶外殼刻有「ST. GEORGIUS EQUITUM PATRONUS」字樣，雕刻呈現了歐洲中世紀著名故事《聖喬治屠龍記》。

- 錶內殼刻有「MEDAILLE D'OR MILAN 1906　HORS CONCOURS LIEGE 1905」字樣，代表分別在 1905 年比利時列日世博會和 1906 年米蘭世博會中取得獎項。

- 錶鏈上有一個共濟會標誌，錶面繪畫了光明會的三角形眼睛標誌。

- 鏤空雕花的指針樣式很華麗。

- 口徑為 50 毫米。

品牌｜Elgin　推出年份｜1910 年代
主要物料｜白色琺瑯（錶面）、包金（錶殼）

● 瑞士製造。

● 罕有十角形陀錶，6 時位置有小秒盤。

品牌｜歐米茄　推出年份｜1960 年代　主要物料｜白色琺瑯（錶面）、銅（錶殼）

● 瑞士製造。

● 6 時位置有小秒盤。

品牌｜Waltham 推出年份｜1950 年代 主要物料｜白色琺瑯（錶面）、鋼（錶殼）

● 美國製造。

● 錶面可拆下，手動撥指針調校時間。

● 6 時位置有小秒盤。

品牌｜DOXA　推出年份｜約 1850 至 1875 年　主要物料｜鋼（錶殼）、
陶瓷（錶面）

- 調校時間時需要拉起錶冠，然後按住旁邊的保險掣，才可扭動錶冠。
- 連原裝盒出廠甚少見。
- 錶冠掛耳有立體雕刻，錶殼有立體獵人雕刻，頗別致。
- 上一次鏈可運行 40 小時。
- 6 時位置有小秒盤。
- 有防磁功能。
- 口徑為 100 毫米（連錶冠）。

品牌｜Swatch　型號｜Sun In The Pocket Vintage
推出年份｜1995 年　主要物料｜膠（外殼）、不鏽鋼（錶帶）

● 黑金褪色呈現 1990 年代流行的蒸汽龐克（Steampunk）風格。採
用電子石英機芯，與膠錶殼一體化，不能更換零件。

● Swatch 自成立以來一直生產玩味與時尚兼備的電子錶，過去間中也
曾推出這類電子陀錶讓愛好者收藏，但為數極少。

品牌｜星辰　型號｜Alarm 4H（Four Hands）　推出年份｜1970 年代
主要物料｜鋼

● 日本製造手動上鏈陀錶。

● 12 時位置的主錶冠用於調校時間和上鏈；2 時位置的錶冠用於調校
鬧時和為鬧鈴上鏈。

● 有 4 枝指針，除了時、分、秒針，還有特別箭頭的鬧針。

● 口徑為 44 毫米。

● 擺放陀錶的銅架,約 130 年前出產,可將陀錶直立擺放變成「座枱鐘」。

無傷大雅樂而不淫

色情陀錶

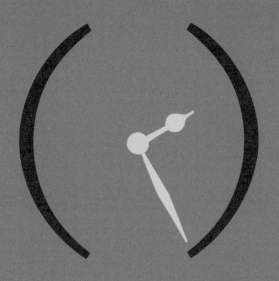

EROTIC POCKET
WATCH

相信不用多說，單看相片就已經可以知道色情陀錶（Erotic Pocket Watch）的名稱由來。自古以來，世界各地都不乏春宮圖之類的色情作品，不論是繪畫、雕塑，還是裝飾品，無傷大雅的少少鹹多多趣，總是能為人們在枯燥的生活中添加一點歡樂。

色情陀錶最早出現於 17 世紀的歐洲，工匠應皇帝、貴族的要求將春宮圖手繪於陀錶錶面，作為送給其他國家或貿易伙伴的貢品或禮物，以示友好。到了 18 世紀，色情陀錶開始「動起來」，除了指針以外，錶面通常會有勃起的陰莖來回擺動，令人會心微笑。色情陀錶通常會有頗大膽的性交場面，大概在以前沒有鹹片的年代，這些小小的替代品有時也可以一慰寂寥吧。

不要以為色情錶是不入流品牌才會製作，其實不少知名鐘錶品牌如寶璣（Breguet）、DOXA、歐米茄、蕭邦等都曾經推出過色情陀錶，雖然數量不多，但也證明了有一定的存在價值。

各類色情陀錶

● 色情錶的圖案大多由畫師手繪，部分畫作上有畫師簽名。有些色情錶錶面是後來由不同的畫師重新繪畫，並非原本品牌的出品。

● 早期陀錶以鑰匙來上鏈和調校時間，匙孔在錶底，19世紀才開始以錶冠上鏈和調校時間。

● 色情陀錶的圖案層出不窮，且顏色豐富。

● 即使以現今的角度來看，色情陀錶的圖案亦相當大膽。

刻名錶

ENGRAVED

WATCH

現在坊間有不少鐘錶品牌都會向顧客提供獨一無二的刻名服務，不論是送給朋友當生日禮物，還是情侶間的週年紀念禮物，在錶上刻名往往帶有天長地久的意義。原來在香港自 1940 年代起，不少大企業都會送給資深員工一隻刻名金錶，作為感謝員工為公司長期服務的禮物，在今天這種情況已很少了。

在古董錶收藏中，能夠購得仍刻有名字的手錶非常困難，一來對擁有者來說有紀念價值的物件不願捨棄，二來即使轉售，大多數人都會覺得刻名錶影響外觀或不吉利，而將金錶背後的字重新熔合再包金，所以能夠找到這些另類的歷史見證，也是彌足珍貴。

品牌｜漢米爾頓　主要物料｜包金

● 漢米爾頓包金自動上鏈錶，帶日期顯示。

● 錶底清晰地刻有「POCH DE CASTRO 20 YEARS SERVICE FIRESTONE APRIL 4, 1984」，歷史不詳，購自柬埔寨。

品牌｜英納格（Enicar）　型號｜340　推出年份｜1970 年代
主要物料｜不鏽鋼（錶殼）

● 南豐紡織廠 20 週年紀念錶，由老牌瑞士錶廠英納格出品。

● 擁有厚實的不鏽鋼錶殼和黃銅色錶面，自動上鏈並帶日期顯示。

● 錶面印有「1954 1974」字樣。

品牌｜歐米茄　主要物料｜包金

- 歐米茄包金手動上鏈錶，當時市價約 500 港元，在 1960 年代算是頗大手筆之作。

- 早期歐米茄錶扣的標誌是立體的。

- 錶底清晰地刻有「PRESENTED BY THE COUNTY BOROUGH OF WOLVERHAMPTON TO W. H. SHAW IN RECOGNITION OF 41 YEARS OF PUBLIC SERVICE 1926 TO 1967」，歷史不詳，但按推斷應是 1960 年代英國自治市鎮 Wolverhampton（County Borough 即郡自治市鎮制度，已於 1970 年代遭廢除）頒給公務員的長期服務證明。

人人都想襟撈

金 錶

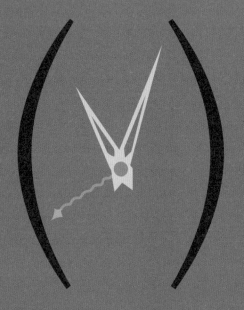

GOLD WATCH

金錶，當然指的是用黃金打造的錶，但原來即使同為金錶，黃金的成份多寡亦會因製作方式的不同而相距甚遠。

百分百純金當然最貴，但因為其過於柔軟，容易刮花和損壞，要製成珠寶首飾就必須加入銀、銅、鎳、鋅等金屬增加其硬度，由此所製成的合金便被稱為 K 金。金品常會印有 18K、14K、10K 等字眼，K 是英文 Karat（克拉）的簡稱，表示金的含量。根據國際標準，金的含量可以分為 24 級，24K 為最高，約含有 99.998% 黃金，而 18K 則有大約 74.9985% 的黃金含量（$[18 \div 24] \times 99.998\% \approx 74.9985\%$）。

間或會見到以 24K 金製作的珠寶首飾，但就鐘錶製作而言，24K 金過於柔軟、容易變形，因此最奢華都只能用到 18K

金。即使 14K 金、10K 金的價格也絕不親民，於是市場上便出現了包金或鍍金的製作方式，加入少量黃金已可有着與 K 金飾品相似的金光閃閃外表。

包金、鍍金價錢平民

所謂包金（Gold Filled），就是以機械高溫壓製的方式將黃金不斷來回地滾壓在其他金屬如銀、銅的表面。根據美國聯邦貿易委員會（Federal Trade Commission，FTC）規定，產品上列明以包金製作，必須最少使用 10K 金，而且如果金的重量低於整件產品中金屬重量的 1/20，就需要列明金的比例，例如 1/40 14K Gold Filled。

而鍍金（Gold Plated），則是以電鍍原理，透過電鍍液在其他金屬表面鍍上一層黃

金。金的厚度通常以微米（μm）為單位，根據 FTC 規定，鍍金產品必須要至少有 0.175 微米的 10K 金。黃金層愈厚，價值愈高，一般而言厚度約為 5 至 10 微米。而業界公認為好的鍍金產品，黃金厚度通常可達 20 至 25 微米，兼且上色均勻、厚度一致。

儘管包金和鍍金產品，都是使用真正黃金加工製成，但前者的黃金比例可比後者高 100 倍或以上，當然價格上也會有所反映。而且包金產品的黃金與金屬黏合力較強，不易剝落，後者的鍍金層在長期使用後容易出現磨損和剝落情況，有需要再次鍍上。至於在顏色方面，由於現時技術進步，未必可以用肉眼分出兩者，不過包金產品的顏色會偏向清爽淡雅。

在今天，金已經不只是金色，還有許多諸如玫瑰金、紅金、粉金等顏色，其實都是由 K 金再另外調配一定比例的銀、銅等金屬而混合出來的合金。

老一輩香港人喜愛戴金錶，尤其在1970、1980 年代金勞力士更是備受追捧，取其「襟撈」之意。即便不是金勞力士，其他如歐米茄、浪琴、寶路華等品牌生產的金錶也在某程度上是身份的象徵。時移世易，在今天的香港，比起金錶，年輕一輩對鋼錶更着迷，即便從物料上來說，金錶比起鋼錶更貴，但還是鋼錶，尤其是運動錶更受追捧。

不過，金錶在東南亞地區仍然很受歡迎，對當地人來說這仍是身份地位的象徵，戴着雷達（Rado）金錶，就如港人戴

勞力士一樣。有趣的是，他們認為鋼錶「好 Cheap」，即使是勞力士也不獲青睞。

金銀潤

要在金錶或鋼錶中二揀一？又未必。勞力士在 1933 年推出了金鋼錶，錶圈和錶帶中央帶金，坊間給予其「金銀潤」的外號，是因它像一款由豬肝和肥豬膏製成的傳統臘味「金銀潤」而得名。有金的高貴，但又不落俗套，頗受年輕人歡迎。

品牌｜寶路華　推出年份｜1970 年代

● 鍍金手動上鏈鬧錶，最特別是立體錶扣。

品牌｜浪琴　　推出年份｜1940 年代　　推出市場時價格｜約 300 港元

- 包金上鏈錶，錶面設計是布紋面，錶殼和錶冠是 10K 包金，物料、造工都很精細，當時十分流行這種款式。

- 推出時售價約 300 港元，對比當年香港普通打工仔月薪約 40 港元，價格高昂。

品牌｜Waltham　推出市場時價格｜約 200 港元

● 1950 年代以前出品，錶殼是 10K 包金，以那年代來説，長方形機芯
十分罕見，採易拆式設計。

品牌｜雷達　推出年份｜1980 年代　推出市場時價格｜約 500 港元

● 自動上鏈錶，錶殼、錶冠和錶帶是鍍金的，長方形錶面設計有特色，
最特別是月份、星期和日期在同一位於 3 時位置的視窗出現。

品牌｜歐米茄　推出年份｜1980 年代

- 錶殼和錶帶是鍍金的。曾因顏色剝落而重新再鍍上 20 微米金。

- 當時該錶款很受歡迎，但以現在的眼光來說，「撈味」好重，有古惑仔的感覺。

品牌｜帝舵　型號｜Prince Oysterdate Rotor Self-Winding　推出年份｜1960 年代　主要物料｜鍍金

- 帶日曆的自動上鏈機械錶，在當年相當少見。

- 錶面仍使用帝舵早期玫瑰花標誌，錶冠是勞力士標誌，錶殼、錶冠等配件由勞力士製造，採用勞力士防水蠔式錶殼。

見證潮流更迭

具個性的錶

STYLISH WATCHES

不同設計的錶，其實都意味了時代的更迭。1970 年代的瑞士機械錶，曾經因為高準確度又廉價的日本電子石英錶如由精工、星辰的興起而一度沒落。作為堂堂製錶大國的瑞士，居然也有陷入恐慌的一天。但隨着 Swatch 到來而扳回一城，甚至在今天的鐘錶界建立起自己的王國。

1983 年，眼見瑞士錶業一蹶不振，尼古拉 · 海耶克（Nicolas G. Hayek）創辦了 Swatch，企圖振興瑞士錶業。為對應日本電子石英錶的巨浪，Swatch 也在電子石英錶的發展上狠下一番工夫，首先是透過新技術將本來需要 91 個零件才能運行的石英錶，零件數量大大減少至 51 個，加上摒棄了傳統瑞士手工製錶方法，改以高質量全自動裝配線上生產，推出極低價錢又精準（每天誤差不超過一秒）的電子石

英錶，終於可以與日本品牌一較高下。

多年來，Swatch 都以富設計感的電子錶聞名，曾與不同知名人士、機構和品牌推出聯乘系列，如與塗鴉大師 Keith Haring、美國紐約現代藝術博物館（Museum of Modern Art，MoMA）、日本時裝品牌 A Bathing Ape 等合作，掀起陣陣潮流。現時 Swatch 集團（Swatch Group）的版圖相當龐大，除了 Swatch，還包括 18 個鐘錶和珠寶品牌如寶璣、歐米茄、浪琴、雷達、天梭、漢米爾頓、Mido、Blancpain 等，有好些是在 1980 年代陷入險境而獲併購的。

不過，到了 1990 年代後期，手錶的準確度作為實用性已不再成為招徠的主要因素。隨着機械錶物料和設計推陳出新，人

們重新發現機械錶的工藝之美，機械錶因
而再次在手錶舞台上大放異彩。

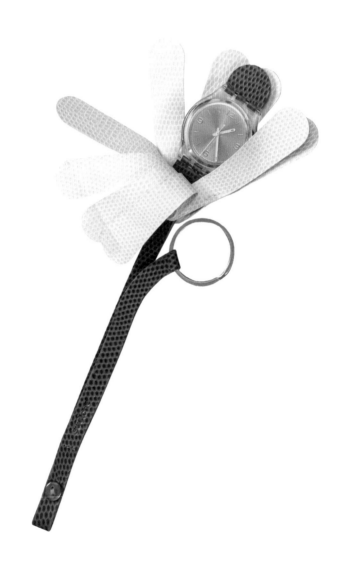

品牌｜Swatch　推出年份｜2010 年代

品牌｜Swatch　推出年份｜2010 年代　主要物料｜塑膠

- Swatch 塑膠電子錶的設計，已經超越過往人們對手錶的認知，成為了裝飾品。

- 一直以來，Swatch 都會定期推出限量版款式，是特別為愛好者、收藏家而設。

- 機芯與錶殼一體化設計，若機芯壞了要整個錶體換掉，可說是壞一個少一個。

品牌｜Swatch　　推出年份｜2010 年代　　主要物料｜羊皮

品牌｜精工　型號｜Finer　推出年份｜1970 年代　主要物料｜包金、鍍金

● 日文日期和星期特別設計於錶帶顯示。

● 手動上鏈機械錶。

品牌 | 星辰　型號 | Autodater Monthly　推出年份 | 1960 年代
主要物料 | 鋼

- 日本製造自動上鏈機械錶，同時可以手動上鏈。此錶採用了星辰於 1961 年完全由自家特別設計的鋸齒陀機芯（Jet Movement），該 陀呈環狀置於機芯周邊，內側設有鋸齒，可以 360 度轉動，與一般 放在機芯中央的離心擺陀相當不一樣。

- 該機芯結構相當複雜，以每小時 18,000 次的速度跳動，並具有約 45 小時的動力儲備。後來因為市場流行薄機芯手錶款式，這款較厚 的鋸齒陀機芯終於 1967 年停產，之後也沒有再出現過，現在可說是 相當罕見。

- 在 3 時、9 時、12 時位置分別設有日期、月份、星期的小視窗。將 3 時位置錶冠拉出一次調校時間和星期，拉出兩次調校日期，4 時位 置錶冠調校月份。

- 此錶可以「前三後三」調校日期，即將 3 時位置錶冠拉出兩次，然 後將指針由 3 時調至 9 時，再由 9 時調到 3 時，就可以快速到達下 一天，指針不用轉兩圈才跳一天的日期。

品牌｜愛寶時　型號｜3327　推出年份｜1980 年代　主要物料｜
鋼、弧形藍寶石水晶（錶鏡）　推出市場時價格｜約 30,000 港元

- 採用方形機芯，市場上比較罕見。各品牌普遍採用圓形機芯，較少使用方形機芯，原因在於，一來圓形機芯可放入方形錶殼，方形機芯卻不可放入圓形錶殼，適用性較低；二來方形機芯需要用盡邊角位的空間，錶殼和錶面也因而需要重新設計。

- 於 2 時位置有動力儲備顯示，最多可儲存 42 小時；8 時位置有小秒盤。

品牌 | RAMA Watch SA（RSW）

型號 | Nazca Chronograph Automatic 4400.MS.S0.21.00

主要物料 | 鋼、淺藍色珍珠母貝殼（錶面）、防刮藍寶石水晶（錶鏡）

● 自動上鏈計時錶，採用 ETA 7750 機芯。

● 外形像玫瑰，3 時位置的專利曲柄錶冠拉出時像菲林相機的回捲掣。

● 錶面採用貝殼物料，反光時可展現七彩顏色，十分亮麗。

● 防水深度 100 米。

品牌｜名士　型號｜Riviera　推出年份｜1970 至 1980 年代
主要物料｜鋼　推出市場時價格｜約 9,000 港元

● 名士以生產斯文錶款為主。於 1980 至 1990 年代，相比起運動錶，
　這類小口徑、薄機芯錶款更備受追捧。

● 經典的 Riviera 系列採用獨特的十二邊形錶殼設計，衝擊了當時的美
　學標準，當年被譽為十大名錶之一。

● 自動上鏈錶，日期視窗在 6 時位置。

鐘

TYPES

8

CLOCK

只要呼吸就能運轉

空氣鐘

PENDULE ATMOS
MODÈLE MARINA

有一種鐘，只要有空氣就能運轉，像人那樣，一呼一吸間讓生命延續。說的是鐘錶界發明家積家的 Atmos 空氣鐘。早於 1928 年發明的空氣鐘，到今天仍叫世人驚艷。它有一個特別的裝置，可以偵測到空氣中的溫度變化，從而轉化為時鐘運行的動力，不用人手上鏈，只需安放在水平位置就能持續運作。獨樹一幟的巧匠工藝，在現今科技突飛猛進的社會，仍是只此一家，更顯非凡。

積家以「Jaeger-LeCoultre」作為品牌始於 1937 年，由來自巴黎的積家 (Jaeger) 和瑞士的勒考特 (Le-Coultre) 合併而成。說它是發明家也絕不為過，皆因由廠方成立至今出產逾 1,200 枚機芯，擁有 400 項註冊專利和數百種發明，包括全世界最薄機芯 Calibre LeCoultre 145、世上最小的手

動上鏈機芯 Caliber 101、可完全將錶面翻轉的 Reverso 系列等等，最引人入勝的空氣鐘，由工程師 Jean-Léon Reutter 於 1928 年發明。

風箱裏的奧秘

乍看之下，空氣鐘和一般高貴優雅的座枱鐘無異，但作為世上獨一無二的產品，怎會被人一眼看穿？秘密就在機芯後方的密封罩內。這個密封罩外表像手風琴的風箱，內裏充滿了特殊的混合氣體（氯乙烷），這種氣體對溫度十分敏感，氣溫上升時會膨脹，氣溫下降時會收縮，因而令密封罩隨之膨脹或收縮。品牌曾經在網上示範，密封罩在室溫呈鼓脹狀，放到冰水裏不消一秒就變得扁塌，放回室溫又瞬間膨脹起來，就像有生命的肺部般起伏。

不斷膨脹或收縮會牽動小鏈條，產生動力為發條盒上鏈。當溫度在攝氏 15 至 30 度之間，只要有 1 度的氣溫變化，就能提供 48 小時的動力，可讓空氣鐘運作兩天，真正是「神奇、頂級、超卓」！

雖然空氣鐘放着就會自行運轉，但要運作順暢、準確報時，就必須將它放置到絕對穩定、無任何振動或有撞擊危險的水平表面上。積家在販售空氣鐘時，有專人到顧客家中安裝，以確保位置適當。而且一旦定好位置，就不能再隨便移動。空氣鐘造工相當精細，它的平衡擺輪懸掛在鐘頂部一根不受溫度變化影響的極細金屬絲上，可承受擺輪左右轉動時的扭力。惟任何微小的移動都有機會破壞纖幼的金屬絲，導致空氣鐘停止運作，所以移動前必須先將平衡擺輪鎖定，移動後亦必須再次調校。

永恆自轉的空氣鐘，予人生生不息之感，原來在香港經濟騰飛的 1970、1980 年代，空氣鐘的市場需求頗大，不少商人會買來放在公司作風水用途，其永不歇息的自轉輪盤，大有運轉乾坤之意。

品牌｜積家　型號｜Pendule Atmos modèle Marina　推出年份｜
約 1960 至 1970 年代　主要物料｜黃銅、亞加力膠、金、瓷漆
體積｜18 厘米（長）、13 厘米（闊）、23 厘米（高）　重量｜約 8 磅

● 早期空氣鐘上的標誌只有「LeCoultre」字眼。

● 密封罩是空氣鐘的機械肺，隨溫度變化而不斷膨脹、收縮，產生動力。

● 黃銅製外殼，亞加力膠鐘面飾有具東方韻味的雕刻。

● 平衡擺輪一分鐘只會擺動一次,比傳統座鐘慢 60 倍、比手錶慢 14,400 倍。

17 世紀的歐式優雅

銅滾鐘

INCLINE CLOCK

外表精緻而高雅的銅滾鐘，在人們毫不察覺的情況下，每分每秒都在向傾斜的平面滾動。作為機械鐘，它最匠心獨運之處在於不帶發條，全靠自身重量作為動力來源驅動行走，令人嘖嘖稱奇，但原來這種既先進又精密的設計早於 17 世紀的歐洲已經發明。

銅滾鐘，又被稱為「斜枱鐘」（Incline Clock）、「重力鐘」（Gravity Clock），在 300 多年前專為貴族或皇室設計，原始版本由黃銅飾以真金製成，置於雲石斜面基座。由於十分精巧，當時被用作國與國之間的貢品，惟銅滾鐘相當脆弱，鐘體的鐵陀和彈弓容易損壞，經不起舟車勞頓的折騰，所以在運輸上需格外小心。當時有專家特別為銅滾鐘設計了滾動籠子，來減輕馬車顛簸時對鐘體的衝擊，而且運送全程

必須由人手細心保護。

而到 1970、1980 年代，諸如由高端鐘錶品牌 Imhof 和 Dent 出產的銅滾鐘，設計經過改良後更人性化。除了由原本沉甸甸的雲石斜枱換為木基座，亦可以拆掉鐘體後面的螺絲，放鬆內部緊緊拉扯的鐵陀、彈弓等配件，以方便運輸。話雖如此，亦不建議空運，需要手持攜帶保護它，可說是十分矜貴！

鐘體運作的原理，在於內有一個偏心（即重心偏向一邊）半圓環狀的鐵陀，每分每秒受重力和阻力作用，而緩緩隨平面均速滾動，同時巧妙地帶動機芯內的齒輪系統運行，令指針運作。銅滾鐘每運行 24 小時就會到達斜枱上的日子刻度位置，分毫不差。當它走畢 60 厘米長的平面，剛好

就是一週，這時便需要手動將其放回傾斜平面的頂部。人與鐘的互動帶來了不少樂趣，也正正提示了大家光陰似箭，要好好珍惜時間。

銅滾鐘雖然外表華美，但因體積比一般時鐘大，而且價格高昂，若非鐘錶愛好者或收藏家，普羅大眾一般不會青睞，因而生產數量不多。

品牌 ｜ Imhof　　推出年份 ｜ 約 1970 年　　主要物料 ｜ 鍍金黃銅
（鐘）、木（基座）　　體積 ｜ 10 厘米（鐘體直徑）、61 厘米（基座長度）、
20 厘米（基座闊度）

- 由擁有「鐘錶界勞斯萊斯」美譽的瑞士品牌 Imhof 生產，惟 Imhof 已經停產，令這款鐘更顯矜貴。

- 鐘體背後有一紅點指示螺絲的位置，運送時要先拆開螺絲放鬆鐵陀、齒輪等零件，到達目的地後才再裝上螺絲，需要用家對鐘錶保養具有較高的知識水平。

- 無發條，全靠自身重量驅動。

- 鐘體邊緣有紋路增加摩擦力。

- 木基座重約 20 磅，表面包裹了一層防刮真皮。

● 木基座內藏水平儀，調整氣泡位於基座的中間位置方可確保時鐘運
作準確。

品牌｜不詳　體積｜12 厘米（鐘體直徑）、54 厘米（基座長度）、16
厘米（基座闊度）

- 中國製銅滾鐘。

- 內藏動力只足夠顯示一天時間，24 小時過後需要手動將銅滾鐘置回傾斜平面的頂部。

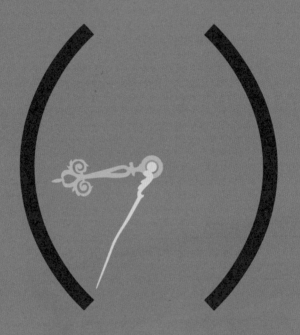

來自西敏寺的樂章

五音鐘

WESTMINSTER
CLOCK

若住在中小學附近，到了放學時間想必常會聽到優美旋律的鐘聲。這段音樂其實大有來頭，是英國倫敦地標建築西敏寺大笨鐘（Big Ben）報時用的樂曲，故又被稱為「西敏寺鐘聲」。五音鐘也沿用了這段音樂。

五音鐘鐘面通常有 3 個上鏈孔，左邊用作每一小時報時上鏈，中間用作走時上鏈，右邊則用作每 15 分鐘報時上鏈。如果上滿鏈，每 15 分鐘便會響起一次旋律，15 分鐘響起第一段，30 分鐘響起第二、三段，45 分鐘響起第四、五、一段，一小時會響起第二、三、四、五段，再加上報時的對應聲效（例如 8 時就響 8 次）。

3 個上鏈孔分別連接 3 個發條裝置，機芯

通常有兩塊黃銅夾板，夾板中間是負責傳輸動力的齒輪，一邊有各種槓桿負責控制指令，另一邊是打簧部分，有 4 或 5 枝小音錘敲打 5 條音簧。輕輕揭開鐘背的木板，就可以見到音錘緩緩地敲打着，彷彿在為觀賞者演奏樂章一樣。

品牌｜漢米爾頓　　推出年份｜約 1970 代　　主要物料｜木、黃銅
體積｜22 厘米（長）、15 厘米（闊）、28 厘米（高）

- 漢米爾頓以軍用和工業用手錶起家，約 1960 至 1970 年代才開始生產鐘。

- 鐘聲清脆響亮。

- 有 8 天動力儲存，即上滿鏈可行走 8 天。

● 西德製赫姆勒（Hermle）機芯，世界上有八成鐘品牌
均使用該牌子的機芯。

品牌｜Perivale　　推出年份｜約 1940 年代　　主要物料｜木、黃銅
體積｜42 厘米（長）、12 厘米（闊）、22 厘米（高）

● 英國製五音鐘。

● 典型壁爐鐘款式。

● 機芯有一擺錘，增加動力儲存。

各地時間盡收眼底

世界時間鐘

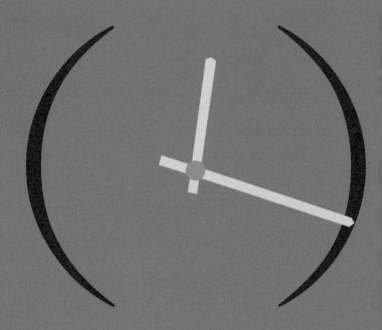

WORLD CLOCK

1884 年，格林威治國際標準時間（Greenwich Mean Time，GMT）誕生，這套系統把世界劃分為 24 個時區，每個相鄰的時區相差一小時，並以經過英國格林威治皇家天文台的經線為本初子午線，亦即是計算地理經度和世界時區的起點。

世界時間觀念的確立，至今不過才 130 多年的事。格林威治國際標準時間由加拿大鐵路工程師 Sandford Fleming 於 1878 年構思，最初是因應 19 世紀火車開通，各國需要統一顯示時間的方法而出現。雖然最初設定為 24 個時區，但後來又因為遷就國家界線，又發展出 15 分鐘、30 分鐘時差的時區，因此現時實際上有多達 37 個時區。

世界時區的劃分，在鐘錶界亦悄悄引起了

革命，除了因應時差而誕生的 GMT 兩地時間功能，往後更發展出顯示世界時間的功能。世界時間鐘錶的界面大同小異，鐘錶面時間為 24 小時制或 360 度顯示方式，外圍是刻劃了 24 個時區或 37 個時區的旋轉度盤。看似非常複雜，但操作尚算簡單。先將所在地區時間轉換為 24 小時制，然後將旋轉度盤調校至城市的相應位置，透過查看旋轉度盤上所顯示的城市名稱位置，便可得出對應的當地時間。

對於經常往來多國的人來說，手錶當然會比座鐘更方便，但對收藏家來說，擁有一座世界時間鐘，才堪稱收藏圓滿。

品牌｜Kienzle Uhren　推出年份｜約 1960 年代
主要物料｜黃銅　體積｜18 厘米（高）

- 電子石英座鐘，德國製造。

- 中心位置為世界地圖。

- 底部的滑動刻度顯示了其他國家處於白天或黑夜及時間，設計上比旋轉度盤更先進。

品牌｜星辰　推出年份｜約 1980 年代　主要物料｜金黃銅
體積｜26 厘米（高）

● 電子石英座鐘，日本製造。

● 特別之處在於秒針設計成小飛機。

● 外形模仿地球儀，鐘體可轉動，甚是有趣。

品牌｜精工　推出年份｜約 1980 年代　主要物料｜黃銅
體積｜22 厘米（長）、12 厘米（闊）、20 厘米（高）

● 電子石英座鐘，日本製造。

成就航海霸業

航海鐘

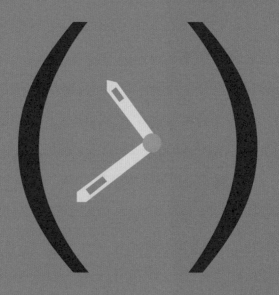

MARINE
CHRONOMETER

鐘錶要運行準確是毋庸置疑的，但有一種鐘，比一般鐘錶要求更高 —— 航海鐘（Marine Chronometer，又稱航海天文鐘）。早於 17 至 18 世紀，世界各國紛紛開始發展航海霸業，而計算航道需要精確地計算出經緯度。不過長久以來一直無人破解如何在漂浮不定的海上精確地計算出經度這個難題。這時，有一位天才鐘錶師便提出，其實只要在船上放一個超準確的鐘就行了。

在 17、18 世紀，為了獲得更多財富和發展軍事力量，世界各國開始了航海遠征行動，誓要稱霸海洋。然而長久以來，計算航道均是一大難題，緯度（赤道以北或以南）可以藉由計算北極星的仰角所得，但經度（本初子午線以東或以西）的計算則為一眾科學家如牛頓所頭痛。航道測

量不準確，引發了許多觸礁沉船事故，像是 1707 年英國艦隊在錫利群島撞向海島令船上 2,000 人喪生等。為此，英國國會於 1714 年頒布《經度法案》（*Longitude Act*），只要有人成功解決計算經度問題，就最高可獲 2 萬英鎊。

正所謂，重賞之下必有勇夫，結果科學家兼鐘錶師 John Harrison 花了逾 30 年，成功研發出準確的 H4 航海鐘，並且只有陀錶大小，方便攜帶。經度的計算方法是這樣的，地球自轉一週約為 360°，約需 24 小時，換句話說 1 小時大約相當於 15 個經度。只要能夠得出本初子午線（英國格林威治）與所在地時間的時差，就能計算出船隻身處位置的經度了。這時，只要有一個非常準確的鐘就可以解決問題。

理論上是解決了，但實際上航海鐘的技術要求極高，須在極端惡劣的環境下也運行得準。航海旅途上陰晴不定，反覆無常，狂風暴雨是家常便飯。航海鐘要能抵受極端的溫差，在極高濕度和極濃鹽霧的環境下要能防腐蝕生鏽，遇到海浪拍打還要抗撞擊，真是大考驗。難怪當時一眾科學家一度斷言要做出這種鐘是不可能的。

然而，隨着科技進步，更準確的電子石英鐘已經取代了機械鐘在航海方面的功能，加上現時經緯度已經可以藉由全球定位系統所確定，航海鐘或許早已英雄無用武之地。不過作為歷史的見證，對鐘錶愛好者來說仍然有號召力。

● 名士航海鐘 。屬電子鐘,擁有卡爾丹懸吊(Cardan suspension,即萬向懸吊避震系統),在船上顛簸時也可維持水平。

● 合上蓋後造型獨特。

● 蘇聯製航海鐘。鐘體以銅製造，屬機械鐘。

● 德國製航海鐘。1940 年代出品，黃銅製機械鐘，更耐用防鏽。可調
校走時速度。

● 中國製航海鐘，1970 年代出品，罕見行 24 小時制。

阿爾卑斯山的壯麗景致

石頭鐘

ROCK WATCH

看到這座沉實的石頭鐘，立即有了肅然起敬的感覺——它是用阿爾卑斯山花崗岩製造的，單從其重達 60 磅的份量已經可以感受到大自然的宏偉。利用石頭作為鐘錶物料，在 1980 年代可謂是相當前衛，Rock Watch 系列也令當時受經濟不景和日本電子錶興起雙重夾擊下的天梭，在業績上來了一個大翻身。

1970 年代，日本鐘錶商大量生產富個性而且便宜的電子石英錶，狠狠地給了瑞士鐘錶業沉重的一擊。各大瑞士鐘錶品牌開始思考新出路，天梭也不例外。1976 年是天梭最困難的財政年度，因此天梭急不容緩地開展了業務重組，其中一項最大的改變是研究新手錶物料，其中包括九成零件以塑膠製的 Astrolon 手錶機芯，和利用天然石材製造的手錶錶面，於是以瑞士

阿爾卑斯山花崗岩為原料的石頭錶便於 1980 年代誕生。

石頭錶由原塊石頭打磨和拋光而成，擁有不同的顏色和紋理，營造出十分鮮明的個性。錶底由不鏽鋼板組成，裝嵌了傳統的電子石英機芯，錶面時針和分針分別漆上黃色和紅色，以模仿阿爾卑斯山上的步道指示牌。這款石頭錶在香港，以至全世界均大獲好評。後來天梭又嘗試利用不同天然石材製作手錶，包括北歐玄武岩、非洲碧玉、澳洲粉紅色菱錳礦、瑞士史前石化珊瑚等等。

天梭於 1980 年代，在香港舉行的宣傳發布會中，委託了藝術家 Felice Bottinelli 帶同 5 噸重的花崗岩飛來香港，打造了放在櫥窗展示的石頭鐘，氣勢磅礴相當吸

睛，而全港更只有 20 個，每個都是獨一無二的，真正是買一個少一個。

電子鐘錶總有不再行走的一天，但上億年的花崗岩卻仍然閃爍，這似乎在訴說着，人類的時間和大自然的時間相比，顯得很渺小。

品牌｜天梭　推出年份｜約 1985 年　主要物料｜阿爾卑斯山花崗岩、石英機芯　體積｜28 厘米（長）、17.5 厘米（闊）、38 厘米（高）重量｜約 60 磅　推出市場時價格｜約 6,000 港元

- 鐘體保留了花崗岩原石的天然粗糙質感，鐘面經打磨拋光後變得光滑。

- 黃紅色指針和「ROCK WATCH」的字樣模仿阿爾卑斯山上的步道指示牌。

時間由公轉私的見證

家用機械鐘

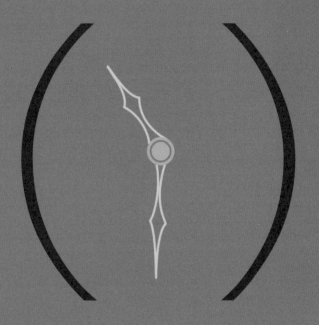

MECHANICAL CLOCK

最早的機械鐘可追溯至 13 世紀用作報時的教堂塔鐘。這些古老的塔鐘由重錘藉着地心吸力所驅動，由於需要發出巨大聲響和用較大的鐘面以讓城市的民眾看到時間，所需的動力相當大，因此通常建於有一定高度的建築物上，故又被稱為鐘樓。然而，到了 15 世紀，由於擺錘和彈簧的應用，以往只存在於公共區域的大鐘終於可以縮小入屋，成為私人也可擁有的「時間」。

早期的居家機械鐘多以手動上鏈以及擺錘作為共同動力來源，種類包括座地鐘（Longcase Clock）、座枱鐘（Table Clock）、牆鐘（Wall Clock）、壁爐鐘（Mantel Clock）等。較大的等身座地鐘又被稱為祖父鐘（Grandfather Clock）或祖母鐘（Grandmother Clock），分別指不同尺

寸，以今天目光來看完全就是老古董。

談到座枱鐘，不得不提的是由鐘錶巨匠阿伯拉罕-路易·寶璣於 1812 年為拿破崙發明的旅行鐘（Pendule de voyage）（又稱為「官鐘」，（Pendule d'officier）或「馬車鐘」（Carriage Clock））。「Pendule」是擺錘的意思，但有趣的是，旅行鐘使用的並非擺錘而是擺輪，因此可以做到體積小及不易損壞的效果，方便在外出旅遊時攜帶。旅行鐘是第一代便攜鐘，外形像小盒子，頂部有可旋轉的手柄方便拿着，三面玻璃的設計可讓人看到機芯運轉。

月相

最早於鐘錶設置月相功能的，是 18 世紀的鐘錶巨匠寶璣。該功能用作顯示月的陰晴圓缺和受其影響的潮汐變化，通常在半圓的框架內顯示，對於從事與海洋相關工作的人來說有其實用性。月球圍繞地球一週運行約 29.5 天，因此月相也會以 29.5 天週期運行，大約 32 個月就會有一天誤差，而較準確的鐘錶可以做到 122 年才有一天誤差。

品牌｜Matthew Norman　　主要物料｜白色琺瑯（鐘面）、黃銅（鐘殼）
體積｜7厘米（長）、8厘米（闊）、11.2厘米（高）

●後方玻璃門可以打開，用於上鏈。

- 旅行鐘，鐘面採用寶璣針（由寶璣設計的指針），指針末端鏤空圓形代表圍繞地球運轉的月亮。

- 上方、側方和後方是透明玻璃設計，可以看到機芯運作；頂部帶有旋轉手柄。

- 有 8 天動力儲存，即上滿鏈可行走 8 天。

品牌 | Warmink　推出年份 | 約 1950 年　主要物料 | 胡桃木（鐘殼）　體積 | 17 厘米（長）、12 厘米（闊）、22 厘米（高）

- 荷蘭製座枱鐘，在 1960 至 1970 年代，幾乎每個荷蘭家庭都擁有一個 Warmink 所製的時鐘。

- 兩側設有網狀的細密隔音板。

- 有 8 天動力儲存，即上滿鏈可行走 8 天；機芯設有浮動平衡機制。

- 每半小時、一小時響鬧報時，處於 12 時位置之上設有「當頭月」月相功能。

- 鐘面有精緻人面雕刻，指針採用鏤空雕花設計，感覺相當華麗。

- 鐘面左邊上鏈孔為鬧鈴上鏈，右邊的用作走時上鏈。

品牌 | FHS Franz Hermle & Son Germany　　推出年份 | 約 1970 年
主要物料 | 胡桃木（鐘殼）　體積 | 19 厘米（長）、12 厘米（闊）、
37 厘米（高）

● 德國製鐘擺式座枱鐘，木鐘殼設計線條流暢。

● 鐘面左邊上鏈孔為鬧鈴上鏈，右邊的用作走時上鏈；每半小時、一小時響鬧報時。

品牌｜Elias Ingraham　推出年份｜1900 年代　主要物料｜木、
黃銅　體積｜40 厘米（長）、26 厘米（闊）、16 厘米（高）

- 美國製鐘擺式座枱鐘，每小時敲響教堂音簧（Cathedral Gongs，較普通音簧長），鐘聲沉實穩重。

- 有 8 天動力儲存，即上滿鏈可行走 8 天。

- 為當時相當流行的神殿造型，指針採用鏤空菱形設計。

- 鐘面左邊上鏈孔為鬧鈴上鏈，右邊的用作走時上鏈。

- 採用 E. Ingraham Co., 12 Bristol USA 28. 機芯，設有黃銅擺錘、雙發條裝置，運行時會發出滴答聲響；底部的小音錘和重型線圈（Heavy Coil）即是教堂音簧裝置。

品牌｜不詳　推出年份｜約 1960 年代　主要物料｜黃銅
體積｜16 厘米（底部直徑）、36 厘米（高）

- 黃銅擺錘，鐘面無數字顯示，採用黑桃針，帶有古典氣息。
- 鐘面左邊上鏈孔為鬧鈴上鏈，右邊的用作走時上鏈。
- 每小時敲響杯鈴。

層出不窮

裝飾鐘

STYLISH CLOCKS

隨着座枱鐘愈來愈被廣泛使用，款式也層出不窮，即使是古董鐘，也有各式各樣的樣貌。帶古典味道的鐘，例如有數百年歷史的銅鎏金工藝鐘、可行走 400 天的週年紀念鐘、巴洛克風格鐘等等，可以為家裏帶來優雅的氛圍，因而成為不少人裝飾家居的心頭好。

品牌 | 不詳　　推出年份 | 20 世紀早期至中葉　　主要物料 | 鑄鐵
體積 | 38 厘米（高）

● 巴洛克風格是 17 世紀初至 18 世紀歐洲主要藝術風格，強調動感和戲劇性。

● 雕刻相當精緻華麗，人物刻畫得栩栩如生。

品牌 | 不詳　　推出年份 | 20 世紀早期至中葉　　主要物料 | 黃銅
體積 | 38 厘米（高）

品牌｜不詳　推出年份｜20世紀下半葉　主要物料｜黃銅
體積｜33 厘米（高）

品牌｜Kambi　推出年份｜20世紀早期至中葉　主要物料｜鋼、玻璃　體積｜18厘米（底部直徑）、30厘米（高）

● 德國製座枱鐘。

● 上一次鏈可以行走約四百天，因此又被稱為週年紀念鐘（Anniversary Clock 或 400-day Clock）。

● 超長動力來自其扭轉擺錘（Torsion Pendulum）系統。機芯齒輪聯繫着一根纖幼的懸吊游絲（Suspension Spring），游絲末端吊着扭轉擺錘，擺錘會依靠慣性和游絲的扭力，沿着一個方向旋轉，然後再向另一個方向旋轉，不斷重複，因而產生動力驅動時鐘運行。這不像一般時鐘的擺錘般來回擺動。

品牌｜不詳　　推出年份｜1960 年代　　主要物料｜銅、木（底座）

體積｜10 厘米（底部直徑）、33.5 厘米（高）

- 在裝飾鐘中，女神是很常見的主題。

- 這個鐘分為兩個部分，一個部分是女神銅像，另一是鐘體部分，鐘體需要卡在女神手上的兩個紅點位置，以確保鐘體處於水平位置，上鏈後需要以手擺動擺錘給予其起始動力。可以通過將擺錘的螺絲扭緊或扭鬆來調校走時快慢。

品牌｜不詳　　推出年份｜約 1800 年代　　主要物料｜銅、金
體積｜36 厘米（長）、11 厘米（闊）、33 厘米（高）

● 法國製天使座枱鐘。

● 在 19 世紀，銅鎏金在貴族飾品中是相當普及的裝飾工藝，於銅器塗上混合了金和水銀的金泥，然後加熱令水銀揮發，金便可牢牢依附於銅器表面。

品牌 ｜ Johnnid 　　推出年份 ｜ 1960 年代 　　主要物料 ｜ 亞加力膠
體積 ｜ 6 厘米（長），8.7 厘米（闊）、16.5 厘米（高）

- 德國製座枱鐘。

- 8 天動力擺錘。

- 具有強烈的包浩斯（Bauhaus）風格，螺絲帽也做得簡潔實用。

品牌｜積家　　推出年份｜1960 年代　　主要物料｜黃銅、木
體積｜19 厘米（長）、10 厘米（闊）、2.5 厘米（高）

- 瑞士製音樂盒鐘。積家早期出品，鐘面只顯示「LeCoultre」字樣。

- 8 天動力鐘，有響鬧功能。

- 音樂盒生產商是御爵（Reuge），自 1865 年以來已在瑞士山區製造傳統機械音樂盒和鳴鳥。

- 播放的古典音樂是 *Fascination*。

附

錄

4

APPENDIXES

鐘錶職人

修錶聯繫兩代情　新派師傅的體悟

在旺角先達廣場一間毫不起眼的小店內，襯俊傑（George）正把玩着手上的手錶。人們想像，修錶師傅總是年紀老邁、冷若冰霜的，而 George 的外表相當年輕和親切。也許因為父親是修錶師傅的緣故，他自小就和手錶結下了不解之緣，對於手錶總有微妙的感情。

George 回想起小時候，總是默默地看着一言不發的父親的背影。眼看父親在家裏桌上一弄便是十數個小時，他不知就裏，但覺得父親既有型又神秘。而他其實知道手錶這回事。「我一出生就看着那些錶，等於你不會覺得家中雪櫃、電飯煲很特別一樣。」

父親是勞力士、帝舵派，George 卻大唱反調，覺得這些錶很老套。「我小時候很反叛，覺得只有阿伯才會戴勞力

士、帝舵，但 30 年前上一代大部分人都是戴這些。我卻是自小對 Omega（歐米茄）情有獨鍾。」父親對此總是不屑一顧，覺得歐米茄造工不夠好，狠言「甘到死」，但 George 10 歲時從父親手上收到的第一隻手錶，卻就是歐米茄。20 歲出頭那年，George 瞞着爸爸去錶展，一擲 3,500 港元買了一隻方形計時歐米茄，過了幾年錶不走了，只好推說是同事的錶，請求爸爸幫忙修理。

就如同大部分父子一樣，父親不擅辭令，二人說話不多。直至 George 開始學習修錶，二人方才多了一道溝通的橋樑。「原本我們兩個都無法溝通，但當我學會了一點之後，雙方就開始有了互動。」父親很是高興。

George 雖然喜歡玩錶，但始終僅視之為興趣。念念不忘必有迴響，他從產品設計科畢業後，先在一間普通產品公司工作，後來被調派至內地工廠，百無聊賴下開始研究修錶。「我喜歡玩一些有趣又負擔得起的舊錶，但這些錶 10 隻有 9 隻都有問題，我人在內地，沒理由次次都叫爸爸修

George 自學修錶，「實習」七年後才出師。

理，於是自己亂拆來玩，每晚研究，別人去卡啦 OK 我就修錶。」剛開始時，他連將馬仔（擒縱叉）放回原位也做不到，多年來望着父親修錶，原以為並不困難，到真的落手落腳去做才知道是兩回事。

日本錶結構複雜難維修

沒有想過做修錶師傅，卻又成為了修錶師傅。「我覺得，如果連一粒螺絲都拿不起來怎能勝任？」George 指着眼前那堆大小以毫米計算的螺絲說。於是，經過自學「實習」7 年後，他終於確立志業出師，轉行做修錶師傅。

他將有問題的平價精工錶買回家練習修理，有時候請教爸爸，爸爸邊修邊罵：「整來做甚麼！」父親極討厭修理那些「古靈精怪」的錶，只願意修整勞力士、帝舵，以前他不明白，後來當他成為了修錶師傅，始體會到父親的感受。

「一隻錶少說也有 200 個零件，不論平錶、貴錶我都是同樣做法，先拆開機芯研究發生了甚麼事，修理方法也是大同小異。雖說修錶不難，諷刺的是，錶是用來看時間的，但浪費得最多的就是時間。」他笑說，自己現在是「別人工作我工作，別人睡覺我都在工作」，「一腳踢」直踩 10 多個小時。「一句『無得整』的背後，可能辛苦研究了一整晚。修一隻 10 萬港元的勞力士，收你 1,000 港元，修一隻幾百港元的精工，難道收你 50 港元？付出的時間和心力也沒

專門用作開勞士底蓋的工具

有少過，現在終於感受到爸爸當日的難言之隱。」

若只看價錢，普通人肯定覺得瑞士機械錶複雜多了。但 George 卻認為，單就技術而言，日本製比瑞士製更精密。「日本錶都有個共通點，就是維修困難，太複雜了。1970 年代的星辰錶結構好複雜，單是跳日曆這個功能，都比普通錶複雜 10 倍，價錢平不等於簡單和差劣。日本鐘錶品牌對製錶的概念好強烈，不然他們直接抄瑞士錶就好啦，何必研發第二個系統？但香港是很現實的地方，很多人只會用價錢而非質素去衡量一隻錶的價值。」

不過，作為接觸機芯的前線人員，他留意到近年有些瑞士製機芯被偷偷換了 Made in China 的零件，零件左搬右搬，「研究了一晚才發現其實無法修理」。他指，這其實是很嚴

重的行業生態問題，中價錶的情況尤其嚴重，他不禁感嘆「愈做愈差」。

1970 年代美軍以「勞」換精工

遙想 1960 至 1970 年代，鐘錶業是一門大生意，後來日本電子石英錶興起，更出現勞力士換精工的奇景。George 的父親在尖沙咀經營珠寶鐘錶商店，因為英文流利的緣故，吸引了數以千計在港泊岸艦隊的美軍士兵前來購物。George 憶述父親的故事：「那時資訊不是那麼流通，美軍來買錶，基本上任你開價。他們用舊的勞力士換新的精工，還要貼錢！以前的石英錶以高科技姿態面世，所以售價頗高。現在會令人驚訝，覺得這是不是欺騙？只可以說那個年代的價值觀不同。」美軍養活了一眾尖沙咀的商戶，鐘錶店愈開愈有。

父親雖是傳統機械錶派，但也追上了電子錶潮流，獲得星辰學院的修錶資格證書。George 也不輸蝕，他從產品設計出身，自言比起傳統師傅更沒有框架限制。「有些師傅覺得一定要這樣做，不這樣做就不行了，我就很固執，必定想盡辦法去做，到今天我仍然不斷學習，觀察其他師傅的做法，又上網看大量歐美資料。我覺得，修錶是你要以時間去體驗才會得到答案，它會讓你產生不同的思考模式。」

收藏秘訣

如何買古董錶？

看到那麼多有趣的鐘錶，心思思想入門收藏，卻又不知道該從何入手？不妨先想一想收藏的目的。李隆漳（Derek）認為，若就購買鐘錶的目標而言，大致可以分為三類：一、功能類，通常與運動、商務有關，例如電波錶、潛水錶、行山錶、運動電子錶等；二、時裝類，作為飾物與服裝配戴，例如名牌 Gucci、Chanel 的手錶等，款式會跟隨潮流而轉變，升值能力不高；三、保值類，包括升值潛力較高的機械錶。

他觀察到，現時手錶市場有兩大趨勢：第一，功能類錶，尤其運動電子錶，市佔額會愈來愈大，因為人們開始注重健康。第二，是保值類機械錶，總之人戴「勞」我戴「勞」（勞力士），但不會作深入研究。

若論及收藏二手錶（Pre-Owned），尤其是古董錶（Vintage），首先要知道古董錶的定義。Derek 指出，一般而言，30 年前出產，亦即 1990 年或以前生產的機械錶，都可被稱為古董錶；電子錶的話，除了音叉錶這類有突破性歷史價值的錶款，一般而言都不會被列入為古董錶。

「檢驗古董錶真偽要有一定經驗，例如檢查錶面是否曾被翻寫或改造，因為最早期的錶其實沒有一個分類系統，甚至沒有生產量和序列號，當時的廠商見好賣就不停生產，不懂看古董錶的人很容易將它當成假貨。」雖然一般人未必懂得辨別真偽，但他認為首先不要買經過翻新的古董錶。

「錶最貴的是錶面，值 80%，然後才是機芯，值 15%，之後是錶冠、錶扣等配件，值 5%。古董錶好得意，外貌愈殘舊，在古董界愈值錢，可能字體脫了色、發霉、變黃也好，也絕對不能翻新，不然會大幅貶值。」錶帶方面，錶界從不會用它來衡量手錶價值，皮帶會爛，鋼帶會受手汗侵蝕，所以很多古董錶都未必會跟原裝錶帶出售。

收藏錶，最重要還是先要買錶。「收集古董錶，先從便宜的起步，定下預算，例如 3,000 港元以下合心水的就買，就算買錯也不心痛。」

至於鐘方面，他認為香港人較少留意，因為收藏鐘需要大量位置，在寸金尺土的香港尤其艱難，所以他認為收藏鐘隨心便好。

鐘錶尋寶

何處購買古董錶？

新錶大家都知道去哪裏買，品牌門市、代理商戶，或網上購物都很方便，惟古董錶或二手錶就未必能那麼輕易買到了。不過，鐘錶愛好者一定會知道香港每年都有不同類型的大型鐘錶展，是搜羅鐘錶，尤其是古董鐘錶的好去處。

香港鐘錶聯展

由香港鐘錶貿易發展有限公司主辦，每年舉辦 10 至 12 次恆常展覽，大約每個月一次（疫情期間曾暫停頗長時間），由會員租借展櫃，展出不論數量的商品。而買賣雙方多為資深收藏家，不過近年亦吸引了不少新手愛好者。

參展商是來自世界各地如中國內地、歐美、東南亞、馬來西亞、新加坡、泰國、越南及日本等地的鐘錶商舖。當中一個有趣的現象，就是不同區域的商舖會「換貨」，即將在自己地區賣不出的貨，賣給想要這批貨的其他商舖。舉個例，英國人偏愛豪雅，勞力士相對備受冷落，於是英國商戶與香港商戶就會分別售予對方最好的勞力士和豪雅，作為「交換」。

貨物種類方面，新錶與二手錶的比例大約為 2：8。而即便是新錶，也有機會是 10 年前的過氣款式，故折扣可達半價，甚至三折，是尋寶良機。

牌子方面，有約六成為勞力士和帝舵，價格約為 8 至 10 萬

元，有約一成為超高級品牌，價格可達百萬至數百萬元，餘下為其他品牌，大部分為數萬元起跳。當然，也有極少量的千元以下手錶，這就要細心留意了。

通常手錶會陳列在玻璃飾櫃內，愛好者可以近距離接觸，尋得寶藏機會更高。不過要注意，香港鐘錶聯展有會員時段的劃分，通常在這段時間內，性價比最高的貨品都會被掃光。另外，場內只能使用現金交易（港幣和美金），記得

香港鐘錶聯展

場內只能使用現金交易（港幣和美金）

帶備足夠彈藥。

香港鐘表展

每年 9 月於香港會議展覽中心舉辦、為期 5 天的大型鐘錶展，由香港貿易發展局、香港表廠商會有限公司和香港鐘表業總會有限公司主辦。於 2019 年吸引 832 個參展商展出，買家人數達 17,801 人，展品包括成錶、時鐘、機械及設備、智能手錶（原件製造）等，可謂鐘錶界盛事。

惟香港鐘表展的目標對象主要是行內人士，參展商主要為接訂單的代工生產（Original Equipment Manufacturer）和售賣鐘錶零件、配件和批發的廠家，有部分為推廣新型號的品牌代理商，只有小部分商戶售賣現貨二手錶或古董錶。

街舖

另外，除了鐘錶展，若細心留意街頭小舖，也會發現不乏維修鐘錶、售賣二手鐘錶的店舖，例如尖沙咀重慶站購物商場、旺角廣華街一帶、旺角洗衣街近亞皆老街和快富街一帶等地比較集中；至於港島區則較為分散於銅鑼灣、中環一帶。

鐘錶保養

如何保養心頭好？

收藏鐘錶除了要有錢有 taste，更要懂得保養，可以保持外觀精美之餘，最重要是確保走時精準

機械錶 MECHANICAL WATCH

要經常戴

要保持內部零件運行暢順，就要確保它經常轉動，一來可保持動力，二來以免機芯的潤滑油乾涸，造成走時誤差。而每3 至 5 年就應該交由維修師傅抹油，將原本沾有金屬屑的油洗走，再抹上新的潤滑油，確保能運行暢順。

避免水蒸氣

千萬不要戴住手錶焗桑拿，即使手錶防水，都不等於可以防水蒸氣！水氣一旦進入機芯，就會令零件生鏽，增加摩擦，導致運行不順。若手錶沾有少量水氣，可以放在有陽光的位置（但切勿直接照射）蒸發掉，自然乾便好，千萬不要用風筒吹乾。若水氣太嚴重，建議找師傅處理。

遠離磁場

作為機芯心臟的擺輪游絲，由於是金屬製造，受磁後會互相吸引，降低了「呼吸」的幅度和節奏，因而造成走時不準。因應現時人們身處的環境中有愈來愈多電子儀器，有

不少手錶標榜加入了防磁功能，而沒有防磁功能的手錶，建議不要放在電子儀器附近。

放入防潮箱

香港天氣較潮濕，可將手錶放入防潮箱。除了電子防潮箱，也可將手錶放入膠袋，再放入紙或紙巾，然後擺入放了防潮珠的塑膠密封式防潮箱。防潮珠需約 9 個月換一次。

電子錶 DIGITAL WATCH

如不常戴需拆掉電池

電池長期擺放在手錶內，有可能造成漏液問題，導致機芯腐蝕生鏽。可以將電池用膠紙貼在旁邊，就不會輕易丟失了。若常戴，每 1.5 至 2 年應更換電池，太陽能電池除外。

放入防潮箱

和機械錶處理手法相若。

皮帶要經常戴

皮製品若長期擺放不戴，容易因為油分流失而出現龜裂情況，變得脆弱易斷開，最好的方法是經常戴，用手部油脂滋潤皮革。

皮帶戴完不要即時入盒

戴完一天後，皮帶沾了汗氣，最好先放在通風位置散發水氣，才放入盒。

鋼帶要深層清潔

鋼帶表層污漬和些微刮花可以用省銅膏輕拭，但長期戴的話，鋼帶深層通常累積了不少皮屑，需要拆掉錶帶浸入加了少量清潔劑如藍威寶、肥皂的清水中，將污垢沉澱出來。

鍍金、包金用抹金布

至於鍍金、包金錶帶可以用抹金布作日常保養。深層清潔的話，可拆掉錶帶浸入加了少量肥皂的清水中，將污垢沉澱出來。

機械鐘需經常上鏈

與機械錶同樣原理，經常轉動一來可保持動力，二來以免令到機芯的潤滑油乾涸，而每 3 至 5 年也應交由維修師傅抹油。

電子鐘拆掉電池

與電子錶同樣原理，不常用請拆掉電池，以免漏液。

特別鐘需放水平位置

有些特別的機械鐘，如銅鍍金滾鐘和空氣鐘，都需要放置在水平位置才可準確運行。

嘀嗒嘀嗒溜走了……
鐘錶的故事

策　　劃 ● 李隆潯　　作　　者 ● 陸明敏

出　　版 ● 三聯書店（香港）有限公司 | 香港北角英皇道 499 號北角工業大廈 20 樓
　　　　　　Joint Publishing (H.K.) Co., Ltd. | 20/F., North Point Industrial Building,
　　　　　　499 King's Road, North Point, Hong Kong
香港發行 ● 香港聯合書刊物流有限公司 | 香港新界荃灣德士古道 220-248 號 16 樓
印　　刷 ● 美雅印刷製本有限公司 | 香港九龍觀塘榮業街 6 號 4 樓 A 室
版　　次 ● 2021 年 10 月香港第一版第一次印刷
規　　格 ● 大 32 開（120mm × 200mm）280 面
國際書號 ● ISBN 978-962-04-4844-7

責任編輯 ● Shirley H　　書籍設計 ● 黃詠詩　　　攝　　影 ● Dick L

三聯書店
http://jointpublishing.com

JPBooks.Plus
http://jpbooks.plus

策劃 李隆漳 DEREK

Derek YouTube
頻道

香港鐘錶聯展會員、資深鐘錶收藏
家。由 1990 年開始收藏鐘錶,至
今有超過 31 年經驗。自 2009 年
開始與不同企業、品牌合作,提供
鐘錶相關培訓課程,分享如何投
資、收藏、保養、鑑證鐘錶。2018
年獲邀到中國檢驗認證集團奢侈品
鑑定中心擔任培訓導師,教授鐘錶
鑑證課程。目前收藏鐘錶包括:
約 1,000 隻手錶、40 隻陀錶及
70 個鐘。

作者 陸明敏

文字工作者,畢業於香港中文大學
文化研究系,曾任職藝術雜誌編輯
和副刊記者,著有《Art Toy
Story》(上、下)、《囉囉唆唆——
又一山人 六十年 想過 寫過 聽
過 說過的》(合著)、《物事:97項
影響李永銓的……》等。相信藝術
能帶來革命,希望透過文字讓優秀
的文化傳承下去。

Email: lukmingman0106@gmail.com

能追蹤時區的電波錶、衛星錶、

陪伴人類踏足月球的月球錶、

隨時間滾動的銅滾鐘、

跟隨船隻破浪前進的航海鐘、

只要呼吸就能運轉的空氣鐘……

鐘錶提醒我們時間的流逝，更是人類文明和科技發展的載體。各種功能奇特、工藝高超、造型特別，具歷史價值的鐘錶，是如何被創造，又是如何發展至今的？

其實鐘錶的時間，就如人生的時間，歷經多年風霜，過程中總有走得不順暢的時刻，但只要找出問題癥結，重新打磨抹油，施行「大手術」，付出耐性靜候時機到來，再難過的難關都總會過。

三聯書店（香港）有限公司
Joint Publishing (H.K.) Co., Ltd.

HK$ 148.00
NT$ 670.00

ISBN 978-962-04-4844-7

9 789620 448447